麻省理工前沿科技通识系列

物 联 网

[美]塞缪尔·格林格拉德　著

韩雪婷　朱克峰　译

中国科学技术出版社

·北　京·

图书在版编目（CIP）数据

物联网 /（美）塞缪尔·格林格拉德著；韩雪婷，
朱克峰译 . —— 北京：中国科学技术出版社，2025. 2.
ISBN 978-7-5236-1006-0

Ⅰ . TP393.4；TP18

中国国家版本馆 CIP 数据核字第 202481223L 号

SAMUEL GREENGARD
THE INTERNET OF THINGS, Revised and Updated Edition
© Massachusetts Institute of Technology，2021
本作品中文简体字版权归中国科学技术出版社有限公司所有
著作权合同登记号：01-2024-4419

策划编辑	高立波 余 君
责任编辑	余 君
封面设计	北京潜龙
正文设计	中文天地
责任校对	焦 宁
责任印制	徐 飞

出 版	中国科学技术出版社
发 行	中国科学技术出版社有限公司
地 址	北京市海淀区中关村南大街 16 号
邮 编	100081
发行电话	010-62173865
传 真	010-62173081
网 址	http://www.cspbooks.com.cn

开 本	880mm × 1230mm 1/32
字 数	152 千字
印 张	8.375
版 次	2025 年 2 月第 1 版
印 次	2025 年 2 月第 1 次印刷
印 刷	北京顶佳世纪印刷有限公司
书 号	ISBN 978-7-5236-1006-0 / TP·495
定 价	68.00 元

（凡购买本社图书，如有缺页、倒页、脱页者，本社销售中心负责调换）

序

人们极易忽视现代科技对世界造成的全方位的影响。车轮的发明提升了物品搬运和人员运输的效率，从而改变了从农业治理到政治管治所涵盖的一切事务。灯泡照亮了千家万户，也一并促进了商业的繁荣，且最终改变了建筑师设计房屋结构的理念以及城市整体的布局规划。汽车为人们带来了快捷的交通方式，也彻底改变了我们的生活与工作。计算机则开启了数字世界，让数据以划时代的崭新方式进行存储及共享，同时谱写了人类在行为方式与交流互通上天翻地覆的巨变篇章。

最具影响力的一批发明，诸如电灯、电话、打字机、照相机和计算机等，引起了人们生活方式的转变，并引发了巨大的政治、社会变革。如今它们已经变得司空见惯，成了人们日常生活中不可或缺的一部分。这些发明甚至颠覆了人们处理日常事务的风格，也重新定义了人与人之间的互动、交流。

然而，直至互联数字技术问世之前，所有这些设备大都是独立运作的。一盏灯不过是一盏灯，一辆车仅仅是一辆车，一部手机也只是一部手机……每种设备只是独自体现着自己的价值，并没有发挥出一加一大于二的效应。数字网络的出现改变了单个设备之间的连接模式，它们被纳入大大小小的生态系统，成为其中的一个环节。这也带来了人们过去难以想象的巨变，既发明了新的工具，也出现了新的系统与新的技术。

　　物联网（IoT）则处于这场革命的正中心。仅用数年，它就从初期的阶段性技术迅速蹿升为主流技术。联网的智能门铃电子猫眼、智能音箱和智能恒温器已经进入了家庭和商业领域。汽车接入了智能交通系统，企业也连通了高度自动化的供应链网络。外出旅行时，我们也能够在智能手表上收到有关航班的实时提醒信息，或是查看行李的实时动态。据全球物联网调研机构物联网分析（IoT Analytics）预测，到 2025 年年底物联网设备将达到 215 亿台。

　　尽管很难确定究竟是哪起具体事件引发了这场革命，但可以肯定的是，2007 年苹果公司推出其智能手机是一件具有里程碑意义的大事。它将智能手机普及于大众，让人们能够随时随地进行连线。通过截然不同的新方式，每个人手中的传感器都得以与网络连接在一起。虽然苹果手机的发布并没有直接开启物联网时代，甚至都谈不上为其奠定基础，但它唤起了物联网这一概念，以及一个近在咫尺的现实、一个万物高度互联的世界。

然而，智能手机并非推动物联网发展的唯一因素。在过去十年中，微处理器、云计算、人工智能^①、通信领域都取得了数量级的提升。正是这些趋势的汇流为物联网的兴起奠定了基础。

今时今日，智能手机记录着数据、语音、视频、音频、活动轨迹、地理位置等诸多信息。智能手表跟踪着心率、昼夜节律等其他个人数据。它们还能够显示实时天气状况，或是接收新闻和银行业务消息。此外，这些设备也可以用于购买商品、存储各种电子门票和电子登机牌，以及网上叫车或是点外卖等。

除此之外，机器人、无人机以及各种形式的人工智能——包括语音识别和图像识别——如今已经无处不在。在高精尖传感器和无线网络技术（包括 5G 技术^②）的加持下，一些极为先进的功能进入了我们的生活。例如，在新冠病毒疫情暴发期间，一些餐厅和商店开始使用自主机器人^③配送外卖和订单；

① 人工智能：artificial intelligence，AI。（本书脚注均为译注）
② 5G 技术：5G 技术是第五代移动通信技术，具有高速、低延迟、大容量的特点，推动了无线通信的快速发展，支持更先进的应用和服务。
③ 自主机器人：能够在不需要外部直接干预或操控的情况下，根据程序、传感器反馈或学习经验等方式，自主地执行任务、做决策，并适应环境的机器人。

医院和企业则采用图像识别技术和热扫描技术检测前来就诊的病患和访客，以此来判断他们是否有发热和其他感染迹象。

2015 年，《物联网》（*The Internet of Things*）第一版问世之时，无论是在理念上还是在实体上，"物联网"这一概念都刚刚崭露头角。现在，它已然发展成了一个主流技术框架，并在我们的生活中发挥着举足轻重的作用。如今，全覆盖的监测网络已经成为现实。譬如，我们可以实时监控到地下管道的泄漏情况（而过去几乎没有这类手段），还能随时追踪流感和病毒的传播情况。我们可以在智能手机上虚拟试衣，品鉴穿搭；又或是以二维屏幕搭配三维头戴设备为媒介，让其将我们传送至沉浸式的虚拟环境之中，"身临其境"地出席商务会议和参观展览等。我们还拥有能够响应语音指令的智能灯具及手机内置的传感器，二者互相配合，组成地震预警系统。

物联网为那个曾经横亘在人类、机器与物理实体三者之间的无形空间提供了望远镜和显微镜。物联网将物理实体与数字对象连接起来，如此一来人们便可追踪物体的动向和运动轨迹，包括它们与其他对象及事物的互动。此外，物联网还可以将数据统合起来，通过分析，更加深刻地了解人类的行为，自动执行诸多任务。

将人类同机器智能紧密联系在一起的物联网，前所未有且无与伦比，同时也令人担忧。物联网能够理清事物之间存在的特殊联系，比如人类、动物、车辆、气流和病毒如何互相影响。它能够识别并预测那些超出人类心智和认知水平的复杂结果，比如某座桥梁或某条道路的确切状况，或者某个具体街区的大气物理情况，诸如降水、雷电及云层状态等。物联网还能够支持无人监督系统的自动运行，并通过机器学习去不断变得更加智能。

然而，这些潜在的优势并非"有百利而无一害"，而是伴随着诸多意料不到的后果。新型犯罪、武器和战争正蠢蠢欲动，而这些在很大程度上是基于传感器和物联网技术的应用。智能手机以史无前例的方式将人群、地点和事件连接起来，彻底颠覆了政治和社会秩序。随着能够辨识政府通缉人员的增强现实①眼镜（AR技术眼睛）的投入使用，维护国家安全的监控手段已日趋强大、日臻完善。

本书将引领读者穿越飞速发展的物联网世界，我们可以将其视为数字化的"进步的旋转木马"②。诚然，物联网中也充斥着一些疯狂且琐碎的"网络垃圾"，它们的由来只是因为人们能够轻易制造出它们并将其连接入网。不过瑕不掩瑜，我们也

---

① 增强现实：augmented reality，简称AR技术，通过将数字信息叠加在现实世界中，提升用户的感知体验，使虚拟元素与真实环境相互交互。

② 进步的旋转木马（Carousel of Progress），是一种以不同历史时期为主题的娱乐体验，最初由迪士尼创造并在1964年纽约世界博览会首次亮相，后来成为迪士尼乐园的一项受欢迎的景点。通过对不同时代的生活方式和科技进步的体验，以旋转式舞台的形式展示了进步和创新的历史。

该看到确实有一些令人惊叹的技术进步。

我们将在第一章中探讨物联网的起源及其基本构成要素。最初，是互联网和个人电脑开启了全球通信的个人对个人（P2P）时代。在过去几年里，迅猛发展的科技进步助推了智能系统和极限互联。我们将在这一章揭开物联网的神秘面纱，了解物联网是如何影响我们生活的。

第二章探讨的是数字技术及其应用对塑造物联网的影响，还有这些技术如何创建起一个概念性与实际性的框架，使之支持数据的自由流动。尽管通信技术是物联网的核心，但应用程序、人机连接和嵌入式算法对于建立强大的物联网基础设施也至关重要。

第三章介绍了物联网的运行原理。我们将在这一章深入探讨构建和管理物联网的实用技术框架，比如通信和网络框架、各种协议，还有不断升级的硬件与软件、应用程序的开发和集成，以及那些实现"看、听、感"功能的芯片与传感器。本章将深入探索物联网发展的技术基础，以及如何使这些系统有效运行，发挥其更大价值。

在第四章中，我们将审视井喷式增长的智能消费设备与服务。不论是智能手表，可由手机远程控制的门锁和照明系统，还是具备监测健康功能的手机小程序，抑或通过 AR 技术实现化妆品试用或服装试穿的应用软件，它们彻底改写了我们与世界互动的方式。本章还将探讨联网设备的概念是如何发展和走向成熟的，以及它在未来几年的发展方向。

第五章关注的是物联网如何引领第四次工业革命（4IR），以及如何改变商业面貌。其中涉及工业互联网和机器对机器（M2M）通信。机器对机器通信正是智能制造、端对端供应链可视性以及提升公共安全等技术得以实现的基础。与此同时，如果能通过人工智能来实现更大规模的自动化和传感数据分析，就有可能大幅度地降低成本。

第六章深入剖析与互联世界相关的要点、风险与问题。例如，政府是如何利用物联网和其他数字工具来粉碎谣言的；政客们是如何利用它推动政治斗争的；这种技术是否导致了更大的不平等与不断扩大的数字鸿沟。还有其他问题也将涌现：自动化技术的普及是否会导致大规模失业和社会向下流动①；它是否会导致更多的网络犯罪或新型恐怖主义事件甚至战争；它将如何改变医疗和法律体系；在这样一个几乎任何活动或行为都逃不开监控和管制的时代，我们该如何处理安全和隐私问题？

最后，在第七章中，我们将窥见超级互联的未来世界。我们将探讨物联网将如何影响每个人的生活以及整个社会，预测在 2030 年及更远的将来，可能出现在人们生活和工作中的

---

① 社会向下流动：downward mobility，指个人或家庭社会经济条件的下降，通常与收入、教育和职业有关，多见于经济萧条或经济危机期间。

场景。

    尽管本书中不可能涵盖关于物联网话题的每个方面，从许多角度来看，它的发展还处于初级阶段。但接下来的内容会带领读者一窥这种正在深刻改变我们生活的技术。本书旨在介绍关于物联网的基础知识，无论您是学生、软件开发者、数据科学家还是哲学家，它都能为您提供一个起点去更广泛和更深入地探讨这个话题。

    显然，物联网时代已经来临，它正在改变我们的思维、交流和行为方式。

目 录 |

第一章

物联网改变一切

互联的生活

星期一早晨七点钟，苹果手表震动着唤醒了我。几分钟后，我伸手拿起苹果手机，打开睡眠应用程序，查看我睡了几个小时以及睡眠质量如何。紧接着，我查看了电子邮件、新闻推送和短信，又扫了一眼天气预报及我当天的行事历。片刻后，我起身，慢慢悠悠地来到浴室，用联网的智能体重秤测量了一下体重，它会自动将我的体重和体脂数据发送到我手机的一个应用程序上。

吃早饭的时候，我用一款手机应用程序扫描了燕麦包装上的条形码并输入用餐量，这样一来我就可以记录追踪我的食物和营养的摄入量。饭后，我准备出门晨练。在我踏出房门的那一刻，智能门锁自动帮我锁上了门。随后我启动了手表上的健身追踪记录功能，在自动记录步数的同时，它也会一并记录我的运动心率、路线、距离、卡路里的消耗、温度、湿度以及海拔的变化。走路时我还收听着一档西班牙语的播客，因为我正在学西班牙语。播客通过流媒体①的形式从云端②缓冲到了我的苹果手机和无线耳机中。智能手表也会在我的锻炼目标达成时提示我。

当我回到家，家门会自动解锁，不再需要实体钥匙，这都要归功于我的智能手机和蓝牙。洗过澡后，我拿起苹果手机处理一批电子邮件和短信，稍后来到我的家庭办公室③开启一天的工作。因为天气有点冷，所以我叫手机语音助手通过温控器连接的恒温器来调节一下室内温度。没过多久，我儿子到我家来取一本他想借的书，我在手机上点了个按钮，家门就自动解锁了，他便进门上楼。在我们聊天的同时，草坪洒水器自动打开了，因为互联网连接的控制器感应到草坪和灌木丛需要浇水，它还根据当前的温度和土壤条件自动调整了浇水的时长。

在我工作的时候，天气信息几乎是实时更新的，它来自

---

① 流媒体，多媒体数据不断由提供商发送到客户端，而客户不需要将整个多媒体数据下载到本地，就可以播放。
② 云端是采用应用程序虚拟化技术的软件平台，集软件搜索、下载、使用、管理、备份等多种功能于一体。
③ 家庭办公室提倡的是一个整体概念，利用电脑及现代互联网的优势，营造一个家庭办公和学习的环境空间。

我们镇上传感器的实时数据流。电脑上的应用程序告诉我，今天下午有风且温度适宜。同时，我还收到新闻短信，以及股市信息。

下午，一辆购物网站的快递车送来了一个包裹，送货司机用专用钥匙打开了我的车库门，放下包裹，然后又关门离开。同时，我在手机上收到了包裹已投送到我车库的通知。

晚饭过后，我打开智能电视，上面涵盖了各种服务和应用程序，还有互联网频道。我可以在我的手机上打开视频网站、聊天应用程序或者网页上的一段视频，直接将其投影到智能电视上观看。到了傍晚，智能灯会根据我家所处位置的日落信息自动打开门廊的灯，它每天都会更新这些数据以保持最新的状态。我还可以用语音来控制家中各种灯具的开关，这些灯具都是连接了网络的。

晚上十一点半，门廊的灯根据我设置的时间自动关闭。我在平板电脑上阅读杂志，发现了一篇关于西班牙一家葡萄酒厂的文章，于是将其剪辑并发送到在线笔记保存，以备未来旅行之用。我叫语音助手设置一个第二天早上的闹钟，并和它道了声"晚安"，除了留个小夜灯外，它关闭了家里所有的灯。手机设置成了"请勿打扰"后，我渐渐入睡。

上述场景是我一天生活的真实写照，而这些几乎算不上前沿的设备连接技术。我的路由器程序显示，现在总共连接了二十七个无线客户端，每个客户端都分配有一个 IP 地址，其中包括计算设备、媒体播放器、家庭自动化设备、浴室智能秤和其他设备。其中很多设备都依赖手机应用程序来控制，它们连接着物联网中数百个不同的数据源。无论好坏，这些联网设备都在帮助人们"解放双手"，并提供全新的方式来访问数字内容、获取知识与管理设备。在某些情况下，它们还能节约能源。

毋庸置疑，这个互联的世界每一天都在扩展其疆域。现在已经有智能床垫、智能牙刷、智能马桶，以及接入物联网的无人机、机器人和监控摄像头，甚至已经开始出现被植入微芯片的宠物和人类。只要你想到哪一样东西应该接入网络，那么很可能已经有人将你的想法变为现实，或者人们很快就能找到一种方法来将其实现。

物联网的发展足迹

人们很容易忽视在过去几十年中世界发生了多么深刻的变化。不久以前，互联网、移动设备和云应用程序还未出现，数据还主要存储在大型服务器上，后来又存储在个人的电脑硬盘中。可以说，那时这些机器大都只是计算机海洋中的孤岛，想把数据从一个设备传输到另一个设备并非易事。除了少数幸运儿可以访问局域网①，磁带或者软盘才是当时储存数据的主流方式。也就是说，人们必须先在自己的电脑上插入磁盘，将数据拷贝进去，再把磁盘插入另一台计算机来完成数据传输。

按照今天的标准看，计算机之间这样的数据传输方式既耗时又费力。正如磁盘的名字本身一样，它的数据容量也极其有限，因而往往需要几张甚至几十张这样的磁盘才能录入一整套信息。同样，以实物方式传输数据还很麻烦，因为人们必须将磁盘邮寄或亲自携带到另一个地方，这意味着传输任何大规模的数据都需要数小时甚至数天时间。即便后来出现了一些容量更大的磁盘技术（如 zip 磁盘），仍然无法跨越这种远距离数据传输的物理障碍。

二十世纪九十年代，广泛应用的计算机网络打破了这一藩篱。以太网②和局域网技术为许多家庭和企业搭建起网络，这些网络技术既让家庭和企业内部可以共享数据，有时还可以让企业合作伙伴及一些外部人员共享数据。尽管如此，此时的远程用户仍然不得不使用拨号调制解调器的方式接入服务器（通常是大型服务器），而设置好协议并传输数据仍是一项艰巨的任务。发送一个极简短的文本文件可能就需要几分钟甚至更长

---

① 局域网：LAN，网络种类，覆盖范围一般是方圆几公里之内，其具备的安装便捷、成本节约、扩展方便等特点使其在各类办公室内运用广泛。

② 以太网：ethernet。

时间，在传输过程中计算机也通常因为系统被占用而无法进行其他操作。

直到 1991 年 8 月 6 日这天，一切都发生了变化。蒂姆·伯纳斯·李（Tim Berners-Lee）[①] 在 alt.hypertext 新闻组 [②] 上发布了一篇关于万维网 [③]（world wide web）项目的短文。自二十世纪八十年代中期以来，他一直在为科学家们寻找一种无需借助相同的软硬件就可以分享信息的方法。1989 年，他起草了一份创建全球超文本 [④] 文档系统的提案，其中写道："超文本可为许多大类信息的存储，如报告、笔记、数据库、计算机文档以及在线系统帮助等，提供统一的用户界面。"1993 年，蒂姆·伯纳斯·李担任软件工程顾问的欧洲核子研究组织（CERN）决定将万维网免费开放供大众使用。

这一决定从根本上改变了世界。不久之后，便出现了马赛克浏览器（Mosaic）[⑤]，它适配于 Unix、Commodore Amiga、Windows 和 Mac OS 等操作系统。它也启发了后来的 Netscape

① 蒂姆·伯纳斯·李：英国计算机科学家，万维网发明者，也常被誉为"互联网之父"，2016 年度图灵奖得主。
② alt.hypertext 新闻组：是二十世纪八九十年代的一种分布式讨论系统，这种系统在当时是常见的交流方式，人们可以讨论和分享有关超文本（hypertext）和相关主题的信息。
③ 万维网：world wide web，简称 WWW，是互联网的一个重要组成部分，核心概念包括超文本和超链接。
④ 超文本（hypertext）是一种文本的呈现形式，其中包含了超链接方式。
⑤ 马赛克浏览器是互联网历史上第一个获普遍使用和能够显示图片的网页浏览器，于 1993 年所发布。

Navigator 浏览器，只需利用静态超文本标记语言（HTML）便可轻松浏览互联网上的网页与信息。1996 年，万维网正式拉开了商业化运行的帷幕。多数大公司都意识到需要在网上建立自己的站点。标记语言、软件和数据库系统的不断进步，造就了今天万维网高度动态的环境。最终演变成的万维网的互联网，是在五十年代基于数据包网络的研究发展起来的。最初的 ARPAnet（高级研究计划局网络）已经从其 1969 年的简单接入端口逐渐发展成了一个更加稳健的网络，采用的是互联网协议（IP）和传输控制协议（TCP）。这两种通信标准同为设备之间或系统之间建立虚拟连接的基础。到了 1995 年 4 月，美国政府彻底停用了其原有的主干网络（当时被称为科学基金会网络[①]），标志着全球互联的框架已经搭建完成。

最初互联网的连接速度非常慢，至少按照今天的标准来看是如此。在万维网上加载带有大型、密集图形的页面可能需要几分钟时间，而且用户通常只能在美国在线（AOL）、CompuServe 和 EarthLink 等少数几家服务器登录时才能连接得

[①] 美国科学基金会网络（National Science Foundation Network，NSFNet）是美国科学基金会于 1986 年创建的一项计算机网络，旨在提供高速、专用的计算机网络连接，以促进美国的科学和研究活动。区别于商业互联网，作为国家级网络基础设施，用来支持学术界和研究机构之间的信息交流。NSFNet 的运营模式在 1995 年逐步结束，让位给商业互联网服务提供商。

上。除了一些大学、科研院所、企业和政府机构，对大众来说，宽带连接一直是遥不可及的梦想。到了 2000 年，约有 3% 的美国人拥有家庭宽带。而今天，大约已有 85% 的美国家庭能够通过各种方式实现宽带上网，且超过 75% 的家庭开通了移动流量套餐。在其他一些国家，这组数字甚至还要更高。

在发达国家特别是城市核心地区，高速互联网现在可以说是相当普及。随着移动互联设备与移动宽带的引入，一种时时在线、处处连接的文化渐渐兴起。人们只需轻轻一点，即可获得产品、服务、信息和你想知道的内容。不仅如此，所有移动设备中的传感器还能提供诸多数据信息，包括我们所处的位置、正在进行的活动以及一天的行程轨迹等。这些数据给人们的行为和活动提供了可查的信息。

互联世界和联网设备的基础是现代 IP 地址。通过这个数字编码，每个设备都可以连接到其他设备，包括智能手机、平板电脑、游戏机、汽车、冰箱、洗衣机、照明系统、门锁、车载电子收费设备和支付终端等。每个通过物联网连接的设备都有一个 IP 地址。它可以是在互联网上标识设备的公共 IP 地址，也可以是在本地网络上搜索设备的私有 IP 地址。路由器根据设备发起的请求确定其位置，同时做出相应反馈。

机械和系统数字化的日益普及是形成这一趋势的基础。回想几十年前，那时的录音机和录像机还都在使用磁带，相机还在使用胶卷，遥控器还得借由硬件技术来实现操作，音乐则要利用唱片、磁带或光盘等媒介，通过模拟立体声系统才能播放。人们要是想将纸面信息传递给其他人，就得先用计算机打印出来再通过邮寄或传真机来发送。在这个既有模拟设备又有数字设备的世界中，每台机器都可提供独立的功能，但通常无法在设备之间传输数据，除非使用物理介质或纸张。

在八十年代初期计算机与局域网（LAN）逐渐成形时，物联网与智能设备的概念也已出现。例如，1982年，卡内基梅隆大学的研究人员改装了一台饮料售卖机，使它能够跟踪并反馈饮料的存量及温度。1988年，计算机科学家、施乐公司帕罗奥多研究中心首席技术官韦斯勒（Mark D. Wessler）首次提出了"普适计算"（ubiquitous computing）这一术语。五年后，微软推出了一项雄心勃勃但却时运不济的计划，名为"Microsoft at Work"，旨在连接多种办公设备，如传真机、打印机和复印机等。在此之后的几年里，Sun公司的联合创始人比尔·乔伊（Bill Joy）开始力推设备间通信的概念，作为他提出的"六大网络"（six webs framework）框架中的一部分。如果按照这个想法实施，设备就能够实现点对点直接通信，而不需要通过单一基站来完成信息交互。1999年，当时在宝洁公司工作、后来成为麻省理工学院自动识别中心创始人的凯文·阿什顿（Kevin Ashton）提出了当今物联网的框架，并使用射频识别（RFID）

技术将各种设备与实物连接在一起。

今天，智能手机或可穿戴设备已经集成了相当多的功能和特性。得益于二进制代码和互联网协议，现在一个单一设备往往整合了过去多个设备的功能。例如，现代智能手机集成了电话、相机、网络浏览器、应用程序查看器、视频播放器、录音机、手写识别、语音识别等甚至更多的功能。曾经需要熟悉编程语言的开发团队才能完成的命令、功能和代码编写，现在仅手指轻轻一点或者发出一句语音指令即可实现。

数字技术已经改变了我们生活与工作的方式。更重要的是，随着传感器等的使用，系统实现了相互通信，新的可能还会以指数级涌现。智能手表或智能手机成为接收通知、新闻、提醒、健康数据和天气信息的新媒介，也成为叫车、购票、听歌识曲、在星巴克购买咖啡、在家中控制家电的新途径。除此之外，它还能追踪我们所做的事情，如活动、睡眠和出行等。

在线数据服务 Statistica 报告称，到 2025 年，全球联网设备的数量将超过 750 亿。

数字新时代

各种联网之物在我们身边随处可见：停车计费器、恒温控数字技术已经改变了我们生活与工作的方式。更重要的是，随着传感器等的使用，系统实现了相互通信，新的可能还会以指数级涌现。

制器、血压监测仪、健康追踪器、交通摄像头、轮胎、道路、锁、超市货架、环境传感器，甚至牲畜和树木，都已成为物联网的一部分。而且，随着数字技术的交汇融合、硬件和软件的更新换代、人工智能在设备上的应用以及持续高速的连接变得无处不在，万物互联的能力正在不断扩展。

这些设备各自或共同为企业和消费者提供新的可能与帮助。通过像亚马逊智能音响、谷歌智能家居或苹果智能家居这样的平台，我们可以在房屋中设置自动化功能，甚至能通过虚拟钥匙帮助临时来访的客人开门。此外，物联网还提供了以新颖有趣的方式来运用数据的机会，可以利用社交媒体、众包①、地理位置数据，以及最终的大数据分析和机器学习来实现。例如，手机语音助手可以随着时间的推移逐渐识别一个人的行为和习惯，并通过语音命令自动判断并执行常见任务。如果我经常在周六上午去一家咖啡馆喝咖啡，那么一到周六上午，它就会直接提示我开车过去需要多长时间。

不仅如此，流行病学家也可以近乎实时地跟踪病毒的传播状况；杂货店可以在顾客进店时分析他们的购物习惯以及他们看过和买过的商品；化工公司可以远程监控地下管道和储罐的

---

① 众包：crowdsourcing，从一广泛群体，特别是在线社区，获取所需想法，服务或内容贡献的实践。通过集合兼职工作和志愿者的零散贡献的途径，以最终实现一个大型工程的结果。

停车计费器、恒温控制器、血压监测仪、健康追踪器、交通摄像头、轮胎、道路、锁、超市货架、环境传感器，甚至牲畜和树木，都已成为物联网的一部分。

维护作业，而无需让工人爬入那些危险的空间；城市管理者可以通过传感器收集的数据来更好地处理交通拥堵、废物安置、能源使用、环境污染以及城市交通网等诸多问题。物联网已经触及各行各业，让广泛的物理和虚拟系统更加智能，同时让人们对其产生更加深入的理解。

术语的定义、概念的理解

物联网（IoT）并没有一个单一或明确的定义。目前来说，显而易见的是，物联网的字面意思是指在计算、存储和通信的全球框架内相互连接的"事物"或"物品"。在本书中，我们将采用广义的、也就是超越基本传感器和设备的范畴，来定义它。比方说，物联网可以是智能手机、可穿戴设备、灯泡、门锁、书籍、飞机发动机、鞋子或橄榄球头盔等物品，要么是专用的物联网设备，要么是物联网组件，要么是能为人类提供价值且不可或缺的物联网功能。这些设备或事物的共同点是它们每个都装有一颗芯片，通过唯一标识符（UID）和 IP 地址与其他设备连接起来。

这些物品通过电缆、电线和无线技术（包括卫星、蜂窝网络、无线网络和蓝牙）连接在一起。它们使用内置的电子电路，以及后期（借助芯片和电子标签）嵌入或添加的射频识别

（RFID）或近场通信（NFC）^①功能。我们将在第三章及后面的章节更加深入地探讨这些技术基础。重要的一点是，我们要认识到，物联网使数据的流动成为可能，进而使计算能够在房间的另一端乃至世界的另一端进行。它将各种技术和系统联系在一起，包括实时分析、机器学习、传感器和嵌入式系统等，以提供给人们数据、信息、知识和自动化。

我们需要认识到，物联网并不是由任何公司或实体发明的。同样，也没有人来设计物联网或构建其工作方式。它只是一个庞大的连接"万物"的网络，这些"事物"彼此传递数据，也将数据上传给计算机数据库。因此，对于它的运作方式或功能，并没有简单的标准。实际上，物联网是一系列协议、标准、平台等的联合体，最终构建成一个全球互连^②的网络。其好处在于，这种松散的框架带来了极大的灵活性和创新性。而其不足之处在于，各种标准和协议纷乱不一，经常会导致系统更为复杂、设备和数据更加难以兼容或是导致重大的安全隐患。

讲到这里，有必要铺陈一些基本的定义和概念。"联网设

---

① 近场通信：near field communication，NFC，一种短距离的无线通信技术，允许两个设备在它们之间建立通信，通常距离不超过几厘米，常见于门禁、公交移动支付等场景。

② 原文 interconnected。该词业内翻译成"互连"，区别于"互联网（internet）"一词中的互联。

备"指的是通过网络（无论是互联网还是私人封闭网络）交换数据的实体设备。联网设备不一定都是接入物联网的，但现在确实越来越多的设备已经接入了网络当中。而且，它们的互联范围已经远远超过了传统的计算机与网络。其交互接口可能是一个带有内置语音控制功能的电灯开关，或是其他智能设备（比如电视），也可能是智能手表或智能手机上的一款应用程序。

联网对象有两种基本类型：物理优先型和数字优先型。前者包括通常不产生或不传输数据的实体和程序（比如鞋子、狗或桥梁，除非它们在被操作或控制时连上网）。对于这些对象，需要添加传感器或芯片才能使它们进入数字世界。而数字优先型对象（比如照片、视频文件或电子书）是由二进制代码构建的，仅通过复制代码就可以对其实现复制、共享和消费。同时，数字设备还可以生成数据，并与其他数字系统进行共享。

这二者之间的区别十分重要。虽然许多物理优先型的实物对象可以使用数字工具和技术（如 RFID）来进行标记，但它们通常不会提供和数字优先型对象相同数量的数据或信息。例如，营销人员可以通过研究读者每一次的点击或浏览来追踪他们使用和阅读电子书的偏好；而一本带有电子标签的精装书充其量能显示其所处位置，但由于纸张和墨水并不是数字化的，因此它提供的其他数据会相对较少。然而，针对不同的任务，比如当图书管理员需要寻找放错地方的书籍时，电子标签仍是很有用的。

塑造物联网的另一个术语是工业物联网（industrial internet of things，IIoT），其主旨是通过给机器配备传感器，从而使它们变得"智能"。例如，工业机械或送货卡车可以向物联网传送数据。这使得我们能够知道何时需要维护或修理该机器，或者实时知晓送往医院的药物的精确温度和位置。在工业互联网中，通信通常以三种不同方式进行：机器对机器（M2M），人对机器（H2M），机器对智能手机（M2S）或类似的手持设备，如平板电脑等。所有这些技术的积累现在被称为第四次工业革命（4IR），或工业 4.0^{①}。

物联网之所以如此强大，是因为它实现了物理优先型设备之间的相互连接，并将它们与数字优先型设备连接在一起，包括家用电子产品、计算机和软件应用。因此，任何被电子标记或嵌入芯片的物品都能够以群组或多点的形式进行互动，并（常常是通过云端）实现数据的实时共享。而且，当这些机器与操控各种计算设备的人产生连接的时候，一个全新的概念框架就诞生了。人们突然发现，已经可以将特定的背景环境数据传输到系统中并发送给特定用户。

---

① 工业 4.0：指相对于蒸汽机时代、电气化时代、信息化时代的第四次工业革命智能化时代。

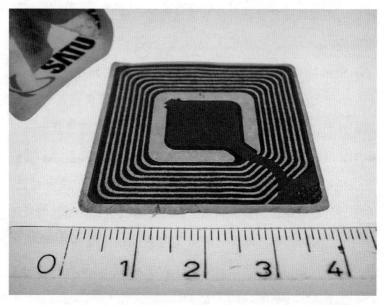

图 1-1　能够标记和跟踪物理对象的射频识别（RFID）电路

来源：Maschinenjunge[1]。根据 GNU[2] 自由文档许可证 1.2 版或由自由软件基金会发布的更高版本的条款，允许复制、分发、修改本文档；不包含不变章节、封面文字和封底文字。许可证的副本包含在"GNU 自由文档许可证"部分。

随着物理世界和数字系统融为一体，再辅以人工智能的应用加持，催生出许多更加先进的功能。移动机器人可以自动清点杂货店的库存；连接到手机的无线耳机可以交互传译多种外语；使用运动识别模块的安全系统可以接收命令自行唤醒并识

---

[1]　Maschinenjunge：一个维基媒体共享资源（Wikimedia Commons）的用户，链接 https://commons.wikimedia.org/wiki/User：Maschinenjunge。

[2]　GNU：一个八十年代创立的著名的自由软件计划。GNU 一词也具体指该计划中要创建的操作系统名称，是"GNU's Not UNIX"的递归缩写。

别可疑人物。一系列技术的组合（包括条形码、快速响应码、运动传感器、光传感器、语音识别、全球卫星定位系统等各种数字技术）将以不同方式统合或重组数据，从而使机器乃至人类能够获得卓越的见解。

事实上，物联网已经几乎遍布世界的每一个角落。它涵盖了多种面向消费者的应用，包括智能家居、老年人护理、医疗保健等，还有一些其他应用也可服务于交通、农业、制造业、能源、环境监测、执法、军事等领域。凯文·阿什顿为我们阐释了什么是互联世界以及它为什么如此重要：

> 计算机，乃至互联网，几乎完全依赖人类来获取信息。几乎互联网上所有的数据都是由人类率先捕获和创造的，方式包括打字、按下录制按钮、拍摄数字照片或扫描条形码等。
>
> 传统的互联网系统图解包括服务器、路由器等节点元素，但遗漏了最为众多且最为重要的"路由器"——人类。问题在于，人类的时间、注意力和准确性都是有限的。也就是说，人类并不十分擅长捕捉现实世界中的事物数据。
>
> ……我们需要赋予计算机独立获取信息的能力，让它们能够亲自看见、听到和闻到这个世界。

物联网能够深入到世界的各个角落，哪怕是最微小的缝隙、缺口和虫洞也不在话下，而这些地方恰是人类的眼睛、耳朵、嗅觉和意识无法触及的。它创造了新型的网络与系统，以及传输数据、信息和知识的全新路径。这个过程中，在准确地输入和分析数据后，计算机与人类可以解开暗含地球物理规律和行为奥秘的密码。它既可以处理一些简单的事务，比如知道包装食物何时过期，也可以应用于一些复杂的问题，比如通过自动调节城市交通信号以缓解拥堵。再或者，利用计算机视觉、热感应和人工智能技术，在工作场所、机场或医院识别出有病毒感染迹象的人。

　　物联网甚至正在进入人体。例如，瑞典公司 Biohax International 就已经开发出一种米粒大小的芯片，可以植入我们的拇指与食指之间。只要将某个人的身份信息写入无源射频识别芯片中，则不再需要使用密码即可完成身份认证，同时还能降低医疗失误的风险，甚至还能让人们在自动售货机刷脸购买商品。在不久的将来，植入人体内或佩戴在身体上的传感器和其他设备，也许再配合一些室内传感器，可以收集相关数据，并使用物联网传输关于血压、血糖、心跳及其他生命体征等特定信息，同时用于监测用药剂量，以确保始终为患者提供正确剂量的药物。目前，苹果手表的传感器已经能够检测到主人摔倒。当确认主人摔倒并需要医疗救助时，手表会拨打紧急救援电话并报告确切位置。

由于物联网发展并不成熟，还有许多技术与工程问题需要解决。这些问题包括研发更强大更持久的电池、制造更小的设备、在新设备中集成更多传感器、找到将传感器嵌入服装或机械等各种物品的方法、完善设备微型化、在保证低信噪比的同时开发更好的算法来整理所有数据，等等。开发能够支持数据共享与广泛兼容性的标准和平台也至关重要。许多这样的系统已经逐渐成形，这正是我们将要在整本书中探讨的内容。

虚假的安全感

联网设备及其生态系统彻底改变了人们对安全和隐私的要求。数据不仅存储于设备中或企业内部，而且往往在公司、计算系统甚至公共基础设施之间流动，并最终进入不同的数据库、云端和存储设备，并与其他数据结合后被改作他用。更为复杂的是，在器件设计、系统操作、身份验证、固件、应用程序设计和通信等环节，各个制造商所使用的标准和规范也不尽相同。

因此，物联网已经成为黑客攻击、数据泄露、恶意软件、网络攻击、隐私窥探等各种问题滋生的温床。报纸和互联网上充满了各种网络入侵与其他侵害行为的报道，包括在联网汽车、网络摄像头、视频门铃、医疗设备、机器人和智能手机应用等设备频频发生的类似事件。同样，人们的隐私也正在受到前所未有的侵犯。例如，在美国，营销公司从公共领域中获取照片数据并结合人工智能对其进行研究，但并未得到照片本人的授权。

不出所料，随之而来的是激烈的反弹。越来越多的声音质疑企业该如何使用与保留数据，而科技公司和执法部门则在争执这些设备是否应当向执法部门开放。与此同时，包括欧盟和美国加利福尼亚州在内的一些政府，正在制定严格的法律，以限制企业使用数据。而社交媒体网站也正受到消费者与美国国会针对安全和隐私政策的密切监督。

我们将在第六章更详细地讨论安全与隐私风险，但很明显，在物联网时代，许多观察者对安全和隐私问题深感担忧。诚然，黑客操纵计算机摄像头这种问题会引起人们的恐慌，但若是有人通过篡改程序致使汽车刹车失灵或者关闭心脏起搏器和其他医疗设备的话，则可能带来致命的后果。因此，工程师、设计师、开发人员和安全专家必须要应对各种安全问题，才能加强人们建立起对物联网技术的信任，从而强化推广基础。

连接物联网的节点

半导体技术、微电子技术、计算机设计、存储设备、云架构和通信技术等正在不断地进步，随之而来的是更新、更先进的物联网功能与特性。具有更高带宽的蜂窝数据网络，如 5G 技术以及更快更稳定的无线网络技术，正在引入更强大的基础设施来支持物联网发展。

无线技术，如低功耗蓝牙技术，能够实现各种设备之间的互相通信，进而使物理对象成为物联网的一部分。例如，将一个蓝牙设备附在钥匙链或钱包上，就可以立即追踪到它们的位置。如果人们找不到这些物品，只要在智能手机的应用中轻敲一下，或者对智能音箱说出指令，就能听到追踪器发出的响铃声。

毫无疑问，物联网已经在社会生活的方方面面留下了深刻的印记。我们可以随时随地观看视频，在超市或咖啡店的扫码器或 POS 机前晃动智能手表即可完成支付，现在甚至可以用手腕上的苹果手表进行心电图检查。与此同时，零售商还使用互联系统管理庞大的供应链，航空公司则借助物联网、人工智能和大数据分析等途径来更高效地完成机队管理与机组排班，其中会考虑到许多复杂的变量，如天气、燃料成本、发动机及其他组件的状态以及实时载客量等。

在这个超级互联的世界之中，设备和机器愈加像人类一样进行思考，甚至在某些方面已经超越了人类的水平。而且，大多数情况下，这些机器无需人类的直接输入或监督就可以自动运行。这可以使农场和工厂更加高效地运营、供应链更为优化、物流框架更为完善、城市更加智能。在餐厅，互联系统能够更快速、更便捷地将食物送到顾客的餐桌上。在机场，它又可以通过智能手表来通知旅客在飞机降落后应该去哪个转盘区提取行李。这些由物联网带来的捷径既节省了时间和金钱，又提高了安全性。

第二章

数字技术的融合

走进地球村

数字技术重新定义了人们交流、合作、购物、旅行、阅读、研究、观影、度假预订、财务管理及工作的各个方面。与此同时，这些技术也彻底改变了政府的运作方式，并颠覆了现代企业的经营模式——不论是销售渠道、客户维护还是供应链上的货物流动，一切都随之改变。截至 2023 年，全球使用互联网的人数（各种方式都算上）已经达到了惊人的 54 亿。

移动性是这场技术革命的核心。尽管手机和笔记本电脑已经存在了超过二十五年，而且早在二十世纪九十年代就出现过简易的只具备基本功能的个人数字助手，然而，直至 2007 年苹果公司推出苹果手机（iPhone）才是划时代的事件。从那开始，单一设备具备了支持互联世界的各种功能及外形规格。到了 2010 年，苹果平板电脑（iPad）问世，进一步证明了移动时代的到来。如今，一部价值几百美元的普通智能手机所具备的处理能力，也已经远远超过了当年将宇航员送上月球并安全返回的阿波罗导航计算机。

目前全球约有三十五亿部正在使用中的智能手机。掌上电脑、平板设备和各种专业装备，彻底改变了人们访问互联网与共享数据的方式，以及他们对周围世界的行为和反应。例如，像 Waze 这样的应用程序会利用众包技术提供最佳的实时导航线路；每个人从他们的手机及内置传感器中发出的 GPS 数据都被传送到云端并被处理与解析。然后，其他司机在各自的位置上也会收到相应的实时环境数据。如此一来，这款智能手机应用即可通过为每个人优化线路来减少交通拥堵并降低燃油成本。其他地图服务也采用了类似的方法，如谷歌地图与苹果地图，当然有时还包括来自道路传感器和其他系统的数据。

今天，苹果或安卓手机还可以充当家庭影院设备的遥控器来操作恒温器、管理智能家电，并能够与接入互联网的众多设备进行交互，如连接家里的浴室秤、婴儿监视器、汽车、锻炼与活动工具、心率监测仪、安防摄像头等。智能手机能够追踪车队中的车辆与装备，确定机器是否正常运行，以及定位孩子和宠物的位置。除此之外，智能手机与平板电脑还可以连接到众多的外部设备和传感器，从而进一步扩展其功能与性能，比如了解当前的紫外线指数，或是查看商店中某款篮球鞋的库存数量等。

移动性是物联网的基础

移动电话在其发明之初只具备打电话的功能。摆脱电线束缚的无线技术是一项伟大的发明，从许多方面来看这都是一场革命，但对于收发消息、照片和其他数据这些想法在当时显然还有些像天方夜谭。然而，1992 年，短信服务（SMS）的出现让情况开始有了改变。它让人们能够通过移动电话来发送短信消息，每条消息由最多一百六十个字符的字母和数字组成。到了 2002 年，多媒体消息服务（MMS）问世。它突破了一百六十个字符的限制，并能在消息中附加照片和图形。如今，大约有五十亿人每天都在发送与接收短信。

到了二十一世纪初，移动电话开始支持更高级的数据任务，例如收发电子邮件、在移动浏览器中打开网站、通过无线方式将实地采集的数据传输到服务器。请看下面内容，这是从 2002 年京瓷 7135 智能手机的新闻稿中摘录的一部分：

搭载了 Palm 系统[①]的京瓷 7135 手机采用小巧轻便的翻盖设计，搭载 CDMA2000 1X 技术[②]，峰值数据传输速度达 153kbps。它是市场上唯一拥有多种功能的融合设备，能提供 65000 色的显示屏、辅助全球定位系统（A-GPS）技术，拥有兼容多媒体卡（MMC）与 SD 卡标准的扩展卡槽以及内置 MP3 播放器。

京瓷 7135 手机还整合了其他多种功能，包括扬声器、语音自动拨号、无声振动提醒、双向 SMS 短信、电子邮件以及三种 Web 访问模式（HTML、Web Clipping 和 WAP）等。其数字键盘能够轻易实现一键访问联系人与日历数据，以及短信消息或网络。京瓷 7135 手机搭载了 Palm OS® v4.1 系统与 16MB 的内置存储，不仅能提供 Palms 设备的完整功能，并能支持为 Palm OS 系统平台所编写的数千款应用程序。

尽管按照今天的眼光来看，这些功能显得相当原始，但在

---

① Palm 公司与 Palm 系统：Palm 是一家曾经在移动计算领域具有重要地位的公司，成立于 1992 年。前文已提到其最初的 Pilot 系列产品，是早期 PDA 产品的代表。Palm 系统是该公司开发的操纵系统，广泛应用于多个厂商的手持设备。随着新一代智能手机的兴起，Palm 在市场份额上逐渐失去竞争力，2009 年被惠普收购，Palm OS 后来被逐渐淘汰。
② CDMA2000 1X 技术：是一种基于码分多址（code division multiple access，CDMA）技术的移动通信标准，属于第三代移动通信技术。

当时，京瓷智能手机已经代表了业内最高标准。与此同时，有些产品已经吸引了一些忠实用户的追随，如黑莓手机。其初代产品 850 型手机，机如其名，配备了一套如黑莓树丛一样密密麻麻的键盘。后来的机型则配备了小巧的专用折叠键盘并搭载了一些其他增加连接性的功能，使输入消息变得更加便捷（早期的手机需要在物理键盘上打字才能输入消息，烦琐而缓慢）。

最终，苹果公司于 2007 年 6 月推出了苹果手机，其重量仅为一百三十六克，丝滑时尚的外观造型、五花八门的应用程序、令人炫目的彩色显示屏、触摸屏功能以及 3G 无线网络功能——这款融合了以上多种特性的产品，开创了新的移动时代。售价为 499 美元的 4GB 版本与售价为 599 美元的 8GB 版本，共同点燃了消费者的欲望，并拓展了人与设备互连世界中所能勾勒出的最大可能性。面世仅仅三个月后，也就是 2007 年 9 月，苹果手机的全球销量就超过了一百万部。

没过多久，苹果公司就在智能手机市场上迎来了竞争对手。2008 年，谷歌推出了安卓（Android）移动操作系统，这是 Linux 系统的一个修改版本，附加了一些额外的开源软件。该系统吸引了三星和摩托罗拉等主要电子制造商的注意，这些厂商则将安卓系统整合到其硬件中去与苹果竞争。越发强大且广泛可用的蜂窝数据网络以及越来越多的公共无线网络接踵而至，这样一来，普遍、持久的连接概念从实验室的绘图板上正式走进了现实世界。

在接下来的几年中，半导体技术取得的进步，出现了体积更小、性能更强且电池续航时间更长的芯片，为移动设备带来了许多新的传感器、特性、功能与计算模型。当云计算进入移动领域时，随之出现了更简单且更高效的方式来同步或交换文档、照片和数据。忽然之间，用智能手机来保存电子登机牌、用打车软件来叫网约车、用数字钱包支付购买一杯咖啡乃至二手市场商品，这一切都成为了现实。智能手机用户还能够扫描那些印在纸上、广告牌上或显示在其他设备屏幕上的二维码[①]，便可即时查看网站或应用上的内容。

大致在同一时间，另一项技术也正在蓬勃发展。射频识别技术能让物理世界和虚拟世界实现进一步连接。将一个小型发射超高频电磁信号的电子标签附着在物品上（或将芯片嵌入物品及设备中），并使用射频识别技术读取，通过这样的方式，几乎任何物品都能够与互联网连接，并基于生成的数据电路进行定位。如今，射频识别技术在生活中广泛应用，比如游乐园门票通行、高速公路收费、无接触支付终端，以及动物追踪、赌场筹码和机场行李等。射频识别技术也应用于识别护照、在

[①] 原文为 QR Code：QR 码（Quick Response Code），此处译为一般生活中常见的概念"二维码"。严格来说，QR 码与广义的二维码是有区别的，QR 码是二维码的一种特定类型，是日本 Denso Wave 公司于 1994 年发明的，并在 2000 年成为国际标准，也是人们生活中最常见和广泛使用的二维码。

马拉松运动中追踪通过打卡点的参赛者，甚至通过智能手机应用程序还能追踪到高尔夫球的位置。

对事物进行标记并将其转化为数据点，这将带来显著而深远的影响，比如，我们能以更深入、更广泛的方式分析事物与事件。短短的时间内，我们已经可以监控药物在运输过程中是否一直保持在适宜的温度，或是了解人们在疫情期间的活动方式，还可以知道某台电机是否因为零件错位而导致振动过大并需要维护或更换。

物联网设备可以持续跟踪报告事物的使用情况、操作行为、环境条件及其他变量。当它们成为互联系统的一部分时，其能力还会进一步扩展。人们还可以应用众包技术并将来自互联网及传统数据库的数据纳入其中。通过理想的自动化、规则、分析和人工智能等技术，我们对于周遭世界的认识与理解将变得更加深入。

从本质上来讲，移动和无线技术建立了一张庞大的连接网，使地球上任何事物之间都能互相连接，就好像人类的中枢神经系统。智能手机和其他手持设备、电子标签以及嵌入机器中甚至人体内的传感器就好比系统中的神经末梢，为我们提供了全新的途径来衡量与管理那些在过去难以想象的任务和流程。无线技术还极大地压缩了建筑和房屋中有线网络布线及翻新改造所需的时间、费用与复杂施工环节。随着宽带互联网和短短的时间内，我们已经可以监控药物在运输过程中是否一直保持在适宜的温度。

高速移动网络覆盖全球大多数主要区域，数据的收集、共享与使用的障碍和制约逐渐消失了。

各种数字技术、移动性和物联网的交汇显然提升了产业的潜力。随着各种数字技术的交织融合，它们共同构建了一个错综复杂的结构，形成了一个更强大、更广泛的平台。我们可以将其视为乘数效应。随着设备组合串联在一起并形成广泛的生态系统，每个设备的能量和价值都得到了提升。而且，这些由物联网设备组成的网络可以与传统数据结合使用（有些数据是在过去几十年间收集起来并收藏在存储设备与数据库中的），以进一步增强我们对事物的认知能力。对于零售商而言，这可能是对季节性或节假日销售历史规律的观察总结，当与物联网数据（例如天气和社交媒体情感信息）结合使用时，公司便能在诸如产品开发和库存量控制等多个领域果断抢占先机。

我们才刚刚开始认识到物联网对世界的影响。《大转换：重连世界，从爱迪生到谷歌》（ The Big Switch: Rewiring the World, from Edison to Google ）一书的作者尼古拉斯·卡尔（ Nicholas Carr ）指出，二十世纪初价格低廉的电力得到普遍应用，影响了商业、贸易及社会等方方面面的各个角落。例如，随着电梯的出现，众多摩天大楼如雨后春笋般冒了出来，城市面貌发生了根本性的变化。城市环境样貌也随着灯箱招牌的出现而改变，商店可以在太阳下山后继续营业。同样，与物联网结合后，移动技术各种数字技术、移动性和物联网的交汇显然提升了产业的潜力。随着各种数字技术的交织融合，它们共同构建了一个错综复杂的结构，形成了一个更强大、更广泛的平台。

和云计算也将创造新的契机并带来类似的变革。

新兴数字技术定义了物联网

物联网离不开移动和无线技术。然而重要的是，我们要认识到物联网实际上是一系列交叉的技术和框架。正如互联网实现了计算机与内容的连接，物联网将设备、数据与人连接在了一起。不仅如此，随着越来越多不同类型的技术和系统相互连接、数据生成不断加速，这个互联世界将变得更强大、更有价值。以下几种数字模型和工具是当今物联网的核心技术。

自动化　从印刷机到传送带，历史上帮助人类实现自动化的机器与系统数不胜数。将人类从手动工作中解放出来的技术，往往会在提升速度、效率、安全性的同时降低成本。在物联网中，这一概念也同样至关重要。由卡内基梅隆大学的研究人员改造的联网饮料售卖机就是早期应用自动化的尝试。1996年，通用汽车也曾推出具有远程诊断功能的 OnStar 系统[①]。而在今天，自动化技术已然成为实现智能家居、智能建筑和智能工厂的关键。它的应用相当普遍，涉及照明控制、智能音箱、安全系统、智能家电和机器人，等等。

---

① OnStar 系统：通用汽车公司提供的汽车信息服务系统。该系统于 1996 年首次推出，包括远程诊断、紧急救援、车辆追踪等功能。

计算机视觉 借助传感器与人工智能算法，计算机得以像人类一样理解图像和视频，且常常能够超越人类。该技术现在被应用于诸多场景，包括面部识别、无人机或汽车导航及碰撞规避，以及（通过对图像与扫描的分析）构建更好的机器学习模型，来实现化疗及其他治疗的准确性检测等。在工业领域，该技术可以将缺陷检出率提高至 90%，甚至更高。

自然语言处理 该领域结合语言学、计算和人工智能的知识与技术，实现人类语言的识别。Alexa、Siri 和谷歌助手便是颇为知名的例子。语音接口已经出现在越来越多的联网设备和机器上。该技术还用于聊天机器人和自动在线客服系统等这些需要打字或说话的应用。科研工作者们目前正在努力研究在系统中识别人类的情绪与情感。

机器学习 该技术是人工智能概念的一个子集，其基本思想是，使用基于"训练数据"的数学模型预测未来。该技术用于电子邮件过滤、计算机视觉、自然语言处理，以及许多其他任务。在物联网领域，机器学习能够帮助广泛分布的系统在没有明确编程的情况下有效执行任务。它对于监控、预测和遥测①尤为有用。

---

① 遥测（telemetry）：一种通过远程传输数据的技术，用于监测、测量和收集远距离或难以接触的对象的信息，这些对象可以是飞行器、航天器、车辆、设备等。

深度学习　机器学习的一个子集，以人脑作为解决复杂问题的类比模型。该技术在很大程度上摒弃了规则，取而代之的是依赖图形处理单元（GPU）充当人工神经网络。采用有监督（由人类监督的）或无监督（系统自主执行的）的学习方法，该技术解决了复杂的计算问题，特别是在计算机视觉、语音识别、自然语言处理、音频识别、社交网络过滤和机器翻译等领域尤为奏效。

边缘人工智能　越来越多的数字设备能够在本地处理任务。这些数据来自如机器人或自动驾驶汽车等设备上的传感器。边缘人工智能系统在处理计算时，会将计算结果存储在设备端。在某些情况下，还可将这些数据传送到云端。这一框架使设备能够实现更快速、更智能地运行，同时保持更低的能耗水平。该技术从根本上改变了自主机器的运作方式，并使其传感器的电池寿命延长数年。

分析方法　物联网改变了数据分析过程的运行方式，因为数据通常是分散且去中心化的，这就需要一种能够整合正确数据并理解其含义的软件。以物联网为中心的分析方法使许多行业和领域受益，主要包括制造业、医疗保健、交通运输、金融服务、能源、电信和家庭自动化等。

机器人技术　机器人泛指能够自主运行的机器，如无人机、移动机器人以及自动驾驶汽车等。借助机载人工智能技术与先进的感知技术，这一领域正在以惊人的速度发展。物联网不断赋能产业并带来了新概念：物联网机器人（IoRT）。它指的是一种新系统，能够监视其周围的事件，在设备内部或通过云对数据进行计算，而后根据这些信息在物理世界中实现操作。而且，在大多数实际应用中没有具体脚本。

三维打印　该技术也称为增材制造，可以在加快生产速度的同时降低成本。现在我们可以用三维打印制造出各种各样的物品。小到家庭厨房用品，大到工厂机器零件，以及医疗保健工作者个人防护装备等，统统难不倒它。开源打印脚本能够让人们轻松地分享设计模型并快速生产物品。当有灾害或疫情发生时，或是急需物资供应时，该技术便能发挥重大优势。

增强现实（AR）和混合现实（MR）　AR与MR技术的强大之处在于能够添加、操控并统合虚拟世界与现实世界。在消费领域，智能手机应用能够透过AR技术来实现照片增强、让人们虚拟试衣或是玩游戏。在商业领域，各种眼镜和护目镜可为培训或工程任务等提供辅助功能。物联网可捕获适当的数据传到设备上，再由渲染引擎生成文本和图像。

虚拟现实（VR）　沉浸式、三维计算机生成模拟需要物联网的基础设施才能发挥其全部潜力。例如，今天的远程呈现系统正在演进成为虚拟现实空间，来自世界各地的人们可以通过屏幕（如笔记本电脑或智能手机）或专用头戴设备来参加会议、网络研讨会或虚拟会议。VR 技术只需在一个虚拟空间内就能够组合来自不同物理位置的各种元素。这样，物联网就能成功地将每个人和每件事物连接在一起。

区块链 作为原本与数字加密货币比特币相关的分布式账本技术，区块链在物联网中起着至关重要的作用。区块链技术可以跟踪与验证数据在设备、数据库和微服务之间的传输。因此，它可以协助实现自动化以及帮助检测多种违规行为（如篡改）。这种技术让高度分散化的数据不断在公司、服务器和系统间往复穿行的物联网环境中作用尤为彰显。物联网与区块链结合的一个例子是中国浙江大学的研究人员为学校开发的一款饮用水应用程序，可以通过智能净水器、物联网、云和区块链运用加密算法以及区块链中的加密数据来实现身份验证，并自动处理杭州上城区三十九所学校的数据。该系统包含三百二十六个物联网计量器，惠及超过四万名学生。

事物社交化

物联网正在以其他方式重塑人们互动和交流的方式。遍布全球的手机为人们提供了社交媒体数据，让其了解当下的热门红黑榜以及消费者情感趋势的变化发展等等。同时，人们还可以将社交数据与其他类型的数据（比如天气、体育赛事结果或新闻事件）结合起来，以更好地了解多种领域中的行为、趋势和态度，诸如政治、娱乐、时尚与消费等。这些社交感知技术揭示了许多在以往不曾被察觉的新模式。

例如，推特现在就能提供当前的热门话题，影响媒体对新闻的报道。当人们发布推文和转推时，该网站可测量推文的数量以及创建这些推文所用的时间。这就表示，如果用户们持续地发布关于某一主题的推文，但其发文总量是随时间慢慢累积的（比如一个月），那么这个主题可能并不会被推特所察觉。然而如果是在短短三天内就发表了相当数量的推文，该主题则很可能会迅速冲上"热搜"榜首。诚然，这种途径有其利弊之处，但无论如何，它都从根本上改变了媒体报道新闻的方式。同时，政治家与名人不仅开始使用推特来与公众沟通，还试图借助在推特上的频频曝光来影响公众的情感。

还有许多其他应用也改变了人们的行为方式，并充当了数据收集工具的角色。如今，社交媒体分析应用程序利用物联网传感器数据，包括时间戳、签到信息以及地理位置信息等，能更好地了解消费者的购物、用餐、旅行与行为方式。结合网站或网页的点击或访问次数、独立访客的数量、评论的语气、搜索引擎排名、点击数据、在线讨论分享，以及用户拥有的有影响力的好友数量与粉丝数量，企业就可以对客户和潜在客户进行分类。在此基础上，这些应用系统可以使用预测性分析方法来发送更有针对性的营销信息和促销优惠，并根据客户的消费金额或对企业的价值，对其提供不同的销售与支持级别。公司还可以动态调整定价以实现销售额最大化，并能够掌握何时及以何种方式结束产品的使用寿命。

无论好坏，脸书平台已经构建了一整套基于物联网数据的社交数据变现业务。用户键入的文字、点击的链接以及在应用中展示的行为模式决定了他们会浏览到什么帖子、看到什么广告以及营销人员会收到什么样的数据。结合来自其他来源的数据（无论是在线的还是离线的），对于任何一个给定的用户，脸书平台都能够为其整合出一幅相当完整的画像，包括他是谁及其情感属性。当然，它也成了一个二手商品交易平台，通过加入照片、文字和 GPS 数据，从而使交易过程具备了高度本地化的特色。它还是人们结识新朋友的平台，甚至有人利用内置的数据应用程序找到了伴侣。而所有这些功能都为数据池增添了更多的信息。

追随众人之力

众包技术是另一个在物联网推动下产生的变革性的技术。众包的概念最早由杰夫·豪（Jeff Howe）于 2006 年在《连线》（*Wired*）杂志的一篇文章中提出。众包模式是从众多参与者之中获取数据，并对思想和行为作更全面的概览。该技术可以将需协作达成同一目标或执行同一任务的人集合成组。在现实世界中，某些事情是非常多变的，有时甚至是极其难以预测的，如传染病的传播方式以及人们的行为方式。用传统报告的方法来汇总数据，速度会非常缓慢且常常不准确。比方说，在过去，人们要将一个案例记录下来，再将其数据录入可用数据库或报告中的话，其信息滞后的时间可能是几个小时、几天甚至几周或几个月。

而物联网和众包技术则摆脱了这些烦琐事项、条条框框及滞后性的限制。例如，在 2020 年新型冠状病毒（COVID-19）疫情暴发期间，哈佛大学医学院的研究人员就利用物联网迅速掌握了美国各地新冠病毒感染的概况。他们利用一款名为"健康地图"（HealthMap）的软件程序进行了匿名的数据收集。该程序由哈佛医学院布拉瓦特尼克研究所（Blavatnik Institute）的约翰·布朗斯坦（John Brownstein）教授于 2006 年开发，彼时他也是波士顿儿童医院的首席专家。仅凭地区编码作为识别依据，参与者即可上报病情和症状。同一研究团队还开发了另一款名为"你附近的流感"（Flu Near You）的众包应用程序，以帮助人们评估周边社区的流感状态，同时协助专家进行早期检测和本地预测。

随着物联网的发展，设备本身也开始能够直接进行数据报告。一家名为 Kinsa 的公司正在全力推进这项技术创新。他们推出了一款数字体温计（仅在美国的使用量就超过了一百万只），只要有人用其测体温时，它就会向该公司报告数据。得到足够大的样本数据后，Kinsa 便会生成互动地图，不仅能描绘流感或其他病毒的暴发地点及消退地区，还会显示它们可能将会如何传播。事实证明 Kinsa 的预测是非常准确的。更重要的是，Kinsa 提供的数据比政府的（如疾病控制中心）更加及时。该公司创始人英德尔·辛格（Inder Singh）将这些体温计数据称为"疾病传播的早期预警系统"。在新冠冠状病毒疫情暴发的早期阶段，该系统还提供了一些关于感染形势的重要信息，在当时缺乏检测试剂的情况下原本是不可能实现的。

众包技术和物联网有潜力涉足各种领域，并能以深刻却不同的方式触及人们的生活。人们无论是使用 Waze 或是 Kinsa 体温计，还是下一个重要的互联事物，都不可能脱离物联网而存在。例如，现在借助应用程序，城市政府就能让市民通过智能手机报告路面障碍及其他问题。救援机构利用众包技术能够更好地了解如何在地震或飓风期间将援助和资源驰援于最需要帮助的地区。环保组织利用传感器和众包技术追踪濒危的动植物与昆虫。数据科学家正在更深入地学习和理解人和物的日常活动方式。其结果精妙地整合了实时可视化、地理空间和先进的众包地图等。

这些互联的功能正在非常迅猛地发展。现在的城市可以利用物联网技术和众包技术更好地管理一切事务,例如收集垃圾或引导司机找到空闲停车位。其中很多功能在几年前都是无法想象的。即便在过去人们已经有了众包的想法,但那时的系统往往需要纸张、电话或实体邮件并通过数月的统计才能获得有价值的信息。而物联网技术已将这一过程压缩到几分钟甚至几秒钟,并且随着条件或行为的变化,结果也会随之动态调整。

超越设备

如今的智能手表和智能手机已经做到了初级的"能看""能听""能感觉"。它们配备了内置麦克风、摄像头、GPS芯片、加速度计、陀螺仪和触摸传感器,可以对各种环境因素和条件做出反应。这些传感器协同工作,使设备变得更加智能,并将手表、手机,或者基本的计算机转变为具有多种功能的强大工具,并成为物联网及各种卓越功能的入口。

在许多情况下,手机、手表及其他设备可以共同协作,由此将这些单个设备的功能进行延伸与拓展。单个设备可创建互联的个人局域网或无线个人局域网来传输数据、实现功能共享,并完成过去无法独立完成的任务(我们将在下一章详细了解）。这使得健身应用或睡眠跟踪应用可以在手表或手环上记录下有关运动和其他行为的数据，然后在手机应用中显示更为详尽的信息，比如详细的运动轨迹，以及配速、温度、湿度、海拔高度和心率等。同样，人们可以在苹果手表上接听电话，然后将通话无缝转接到手机上或连接到耳机上。手机上的应用还可以将数据、提醒、新闻与信息等推送到手表端，比如优步司机即将到达时的提醒，或者在你下飞机后出现的通知，告诉你到哪个行李提取转盘去取行李。

　　同时，人工智能也使得个人设备变得更加智能，能更好地了解周围环境和个人行为。根据过往的操作、GPS 数据或其他因素，智能手机能够预测一个人可能会使用什么应用程序或者即将参加什么活动。基于人们过去的选择和其他数据，人工智能可以自动标记一个人停车的地方，随后引导他在巨大的停车场中找到自己的车。它还可以利用特殊算法以数字化的方式来提高照片质量，并学习哪种类型的新闻或视频最吸引人。此外，研究人员和工程师还在寻找增强人类感知的方法，如检测口臭、查验酒驾、嗅探人类无法辨识的变质食物等。虽然手机目前还不能独立完成这些任务，但它可以通过蓝牙连接或无线网络从另一设备来获取数据，将其发送到云端进行处理，并几乎即时地在应用中展示结果。

　　同时，人工智能也正在推动其他变革。我们正在迅速进入一个新的时代，在这个时代自然语言接口、图像识别、手势和虚拟沉浸等诸多技术重新定义了我们与设备、周围世界的互动方式。人们可以在智能手机上拍摄一张照片，比如一只罕见的鸟，然后在谷歌或必应等网站上通过图像搜索功能来了解它是什么鸟。与之类似，亚马逊允许智能手机用户将摄像头对准产品直接查看该产品在线上零售商店里的价格和库存信息。当然，亚马逊的智能音箱与语音助手也能回答关于产品的问题，有时甚至不用拿起智能手机，便可将商品添加到零售网站的购物车中。

物联网的特点与功能正在日趋成熟。在线上和实体店销售中，零售商也开始引入增强现实技术。例如，英国眼镜零售商Specsavers 推出了一种名为 FrameStyler 的增强现实技术，让实体店的顾客可以看到自己戴上不同镜框和镜片的效果。而在家购物的用户也可以使用该技术的简化版本。在进行面部扫描之后，根据年龄、性别和面部特征等信息，顾客会收到适合自己的眼镜款式推荐，并且快速完成多种设计风格的产品对比。其他商家还推出了全身智能镜子和增强现实应用程序，让顾客可以虚拟地试用化妆品或试穿衣服。顾客只需挑选喜欢的款式、颜色或图案，后面的事情就交给镜子或应用程序来帮忙搞定。

可穿戴技术如智能手表与手环、智能眼镜、智能服装，将进一步打造物联网的未来。通过增加数十亿的数据和交互节点，这些设备将进一步拓展与增强物联网的能力。农田、房屋、工厂、汽车及道路等场景中传感器的结合会愈加形成一个超级互联的世界。随着人工智能促进并带来更智能的系统与更高水平的自动化，互联技术将进一步被广泛采用，进而推动数字化转型的不断发展。在未来几年，新兴的数字工具与技术，包括虚拟现实、增强现实、无人机、机器人、三维打印等技术，将交互协作为我们的家庭和企业带来革命性的变化。我们将在接下来的章节中详细探讨这些技术的发展及其他新兴的物联网技术。可以说，一个互联的世界已经形成，并正在成为我们日常生活的一部分。

第三章

物联网的应用原理

物联网与现实世界相遇

随着更为复杂先进的传感器、微芯片和数据分析的出现，人们有更强的能力去观测环境并理解物体和生物之间的复杂关系。这些物联网系统涵盖了基础监测设备与数据流，以及存在于身体、管道、裂缝、河底等难以触及的位置的各种复杂传感设备，它们正在重新定义机器与我们周围的世界互动，以及人与人之间的交流。

从信息技术的角度来看，在连接所有这些"物"之间的数字节点及维护可靠而持久的连接等过程中，涉及了很多内容。至关重要的是，我们需要确保设备按需来传输数据、检测硬件故障、排除软件错误、验证数据完整性，数据的共享可靠而安全。

所有这些任务都必须在各种迥然不同的系统与物联网框架之间进行，这也必将带来无数种制造商及产品的组合。当然，还有一个挑战就是，在不中断系统的情况下对其进行修补与升级。

建设庞大的 IT 系统，以及无数能够生成或捕获可靠数据的终端节点，是巨大的挑战。在平台、标准和物联网设计等方面，有许多可选的方向。有数百家公司都在提供物联网的产品和平台。这些系统如何与云端、数据库、人工智能工具以及其他 IT 系统进行交互，在一定程度上决定了它们的实用性与价值。政府、企业和个人接入物联网的方式，最终决定了他们如何在日常生活与工作中使用这些系统，以及他们是否能从中获取价值。

物联网：基础知识

实现设备的连接并确保它们正常通信，只需要一个清晰的框架就够了。然而，对物联网而言，它却需要许多框架。物联网所面临的困难在于，它必须与大量的传统系统或现代系统与协议一起运行，并且必须连接着许多的技术和标准。我们首先要理解，物联网并非单个实体。它是一个模糊且常常十分混乱的联合体，牵扯到各种供应商、平台、系统、技术、软件以及建设庞大的 IT 系统，以及无数能够生成或捕获可靠数据的终端节点，是巨大的挑战。

工具。

物联网基于开放系统互连的参考模型将不同的实体联系在一起。在这个模型下，有四个主要的分组，共包括七个操作层，具体展开为物理层、数据链路层、网络层、传输层、会话层、表示层和软件应用层。以下是对物联网基础管线的简要技术概述。

物理层和数据链路层用于管理设备连接到物联网的方式。例如，系统可能使用电缆、蓝牙或无线网络，或者这些技术的组合，来与外部世界进行通信。今天，设备通常依赖于通用即插即用（UPnP）协议体系来在网络上发现彼此，并建立网络服务来实现数据共享、通信及娱乐等功能。

数据链路层使用媒体访问控制（MAC）地址来标识已连接的设备。该层的协议聚焦在各种交换机如何将帧和数据传递给网络上的其他不同设备。

网络层，也称为互联网层，需要协议和标准来将数据包路由到某个互联网协议（IP）地址。如今，许多互联网设备都依赖于IPv6协议，它提供了先进的网络识别与控制功能。

传输层负责解决端到端通信的需求。它提供了许多功能来增强传输可靠性、缓解拥塞以及确保数据包完整且按正确顺序送达。

会话层、表示层和应用层则负责处理跨应用程序的消息传递与数据交换。

各种物联网协议满足了上述这些层中多种特定需求。例如，网络和物理访问层可以融入个人局域网的 IEEE 802.15.4、无线网络（802.11a/b/g/n）、以太网以及以 GSM、CDMA、LTE 和 5G 为代表的移动网络技术等。正是这些技术，根据连接框架的具体情况与需求，来负责传输物联网数据。在网络层和公共互联网上，诸如 IPv6、6LoWPAN 和 RPL 等技术，被用于识别各种设备并使它们彼此相连。传输层的协议如 UDP 和 TCP 则允许相同或不同的计算系统之间可以相互连接。应用层使用 HTTPS、XMPP、CoAP、MQTT 和 AMQP 等协议，在特定环境与场景中创建通用的数据交换协议。

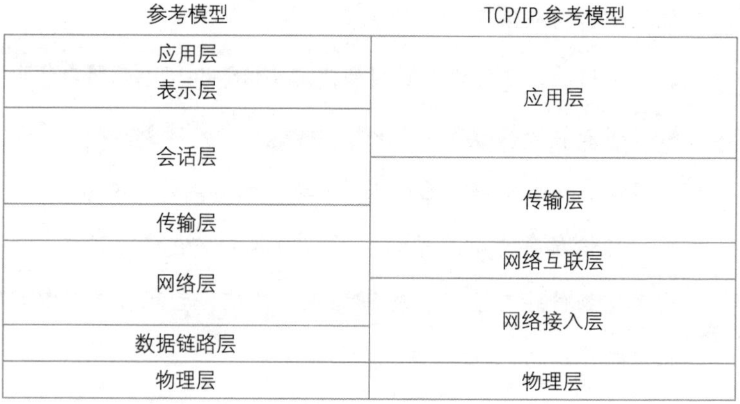

参考模型	TCP/IP 参考模型
应用层	应用层
表示层	应用层
会话层	应用层
传输层	传输层
网络层	网络互联层
网络层	网络接入层
数据链路层	网络接入层
物理层	物理层

图 3-1　物联网参考模型的七个主要层次

网络即是关键

如何将数据从一个设备与系统传送到另一个设备与系统，是连接技术和物联网的核心。这里有四种主要的网络类型，以满足不同的需求。

个人局域网（PAN） 这些设备通常使用低功耗蓝牙（BLE），在几米的范围内传输数据。常见的使用 PAN 的设备包括：健身追踪器、智能手表、AirPods、汽车导航和信息娱乐系统，以及如数字体温计等健康科技设备。

局域网（LAN） 该技术支持短中程通信。它最适用于数十个或数百个传感器在同一空间中连接的情境，通常传感器距离不超过几百米。这种环境可以是一栋房子或者一座小型工厂。利用网关设备则可以实现局域网内有线设备与无线设备的互联互通。

城域网（MAN） 这种远距离通信框架可以满足城市规模的通信需求，通常最多可覆盖几公里。它经常用于运营智能交通网格、交通支付系统以及智能停车收费系统。

广域网（WAN） 支持城市范围内或更大范围内、覆盖数十公里的设备连接。这些网络可能包含上述所有的网络框架，可为大型的农场、工厂以及校园等提供网络服务。

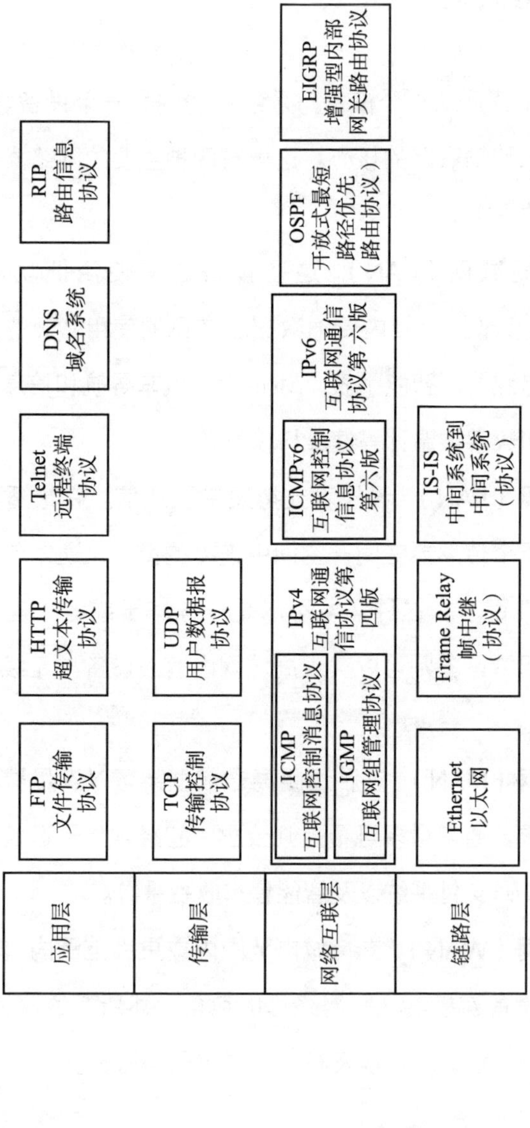

图 3–2 TCP–IP 框架与物联网通信与数据交换

有许多因素会影响到网络的设计，这不足为奇。这些因素包括：带宽需求、能源需求、延迟容忍度、与其他协议和网络的互操作性、是否需要持久连接、安全需求等。

让我们简要了解一下关于物联网数据传递的八个关键网络框架与通信框架。

低功率广域网（LPWAN） 该技术提供了一种低功耗、远程的无线通信框架。

它对于大规模广泛部署的无线传感器（例如在智慧城市计划中使用的各种传感器）意义重大。这里有几种专门应用于物联网的 LPWAN 技术，包括长距离物理层协议（LoRa）、Haystack、SigFox、LTE-M 和窄带物联网（NB-IoT）等。

移动蜂窝网络 无线网络包括传统的 2G（GSM）和 3G（GSM和 CDMA），以及越来越普遍的 4G 和 5G。此外，还有两种标准来支持在 LPWAN 上使用物联网设备。NB-IoT 和 LTE-M 技术为移动设备与服务之间的数据传输提供了更加强大且灵活的框架，因为它们是专为物联网而设计的。

无线网络 无线网络标准自二十世纪九十年代末问世以来，历经了巨大的演变。IEEE 802.11a/b/g/n 标准提供了不同级别的速度与连接性。8.2.11n 标准在各种无线技术中提供了最高的数据吞吐量，但是需以高功耗为代价。虽然无线通信非常适合连接智能手机、智能手表以及许多其他物联网设备，但由于功耗过大，并不适合靠电池供电的传感器。

低功耗蓝牙（BLE） 蓝牙连接已经成为物联网的基础。该技术支持 PAN 并提供短距离数据交换（约一百米）的功能。BLE 在工作时跨越了第一层（物理层）和第二层（MAC 地址）。对于那些传输有限数据的设备来说，尤其是间歇性传输数据的设备，它是最优选择。BLE 也在与越来越多的设备兼容，包括健身追踪器、智能手表以及数字体温计等。

近场通信（NFC） 这种无线技术非常适合用于数字支付系统，如苹果支付或安卓支付。该技术要在非常近的距离内，通过使用设备或卡上的 NFC 芯片来操作，有效距离最远四厘米。这样的特点使其相对来说更为安全。该技术还应用于酒店的智能房卡以及用于资产跟踪的智能电子标签。

紫蜂（ZigBee）[①] 这种工作频率为 2.4GHz 的无线芯片技术略慢于 BLE 蓝牙技术（250kbps 的吞吐量，相比于 BLE 的 270kbps），覆盖范围大约为三十米。然而，紫蜂是一个网状的网络，因此非常适合应用于需要设备间互相通信的智能家居与智能办公楼。类似的协议还有 Z-Wave，它在 908MHz 的工作频率上运行（意味着它的覆盖范围比紫蜂更广，但在任意给定时刻不能传输同样多的数据），并已经在最近发布到了公共领域。这两种技术都在 IEEE 802.11.15.4 标准上运行。

---

① 紫蜂：与蓝牙相类似，是一种新兴的短距离无线通信技术。

射频识别（RFID）技术 RFID 被广泛应用于实物跟踪和资产跟踪，比如被应用于工业环境及供应链中。这些电子标签、芯片或印刷电路会附着在物品上，其有效覆盖范围约为一米。一旦某件物品被标记，RFID 读卡器则可以精确定位其位置。标签既可以是被动的，也可以是主动的。前者无需电池即可工作，也就是说标签在经过读卡器时就可以直接被读取。而主动电子标签则需要定期广播其位置，以便它们更容易被追踪到。而一种名为 Dash7 的新型 RFID 协议，则提供了一个能够用于双向数据交换的开放标准，覆盖范围可达五百米。该技术在亚吉赫兹频谱中运行，具有低延迟的特性，因此非常适合应用于传感器、警报器及其他互联工业系统。

以太网 在某些情况下，如果能够将设备连接到有线网络，那么以太网则是不二之选。这可能包括大楼内如安全摄像头这样的传感器或设备。IEEE 802.3 标准于 1980 年被引入，并于 1983 年被正式制定。时至今日，它的数据传输速率已经达到约 400Gbps，并且与无线网络完全互通。

打造更好的传感器

传感器堪比物联网的感官：让物联网拥有视觉、听觉、嗅觉、触觉。在过去的二十五年里，微型传感器、电子器件和纳米技术已经重新定义了大量的消费系统与商业系统。大多数这些微型设备，也被称为传感器，使用金属氧化物半导体场效应晶体管技术，即 MOS 晶体管技术，通常被人们称之为 MOSFET。最早的晶体管在 1959 年诞生于贝尔实验室，并逐步发展成为智能手机、计算机、智能电视和工业机械的基础。这项技术使工程师能够设计出造型小巧、功能强大且高效节能的传感器。

现在已经有成千上万种不同类型的传感器，可以检测光、声音、温度、磁场、运动、湿度、触感、重力、电场、化学物质等。也有越来越多的设备采用"芯片上的实验室"这种设计来用于医疗诊断。这些设备可以检测有毒气体、辐射以及生物和化学化合物的存在。它们已经被应用到了多个方面，包括早期和晚期乳腺癌的检测。

如今的传感设备可以检测并测量出大气或水源中微量浓度的污染物或有毒物质。它们可以通过测量振动来发现桥梁和隧道等建筑结构中的微小变化。基于光学雷达（LiDAR）的图像传感器能够实现汽车的自动泊车，并在道路上检测出与其他车辆之间的车距。与此同时，安防与视频监控系统中的运动传感器在发生事故或车辆有异常时能够发出警报。这样的自动化功能保证了人们在必要时对潜在的危机立即予以关注。

过去，许多传感器使用模拟和低技术含量的手段来检测周围环境。例如，几个世纪以来，人们使用的一直是玻璃管中传感器堪比物联网的感官：让物联网拥有视觉、听觉、嗅觉、触觉。

加入水银的温度计，以测量校准设备内液体的膨胀或收缩的程度。而如今，无论是测量存储罐内、计算机内，还是工业机械运行时的温度，采用热电偶和电阻温度检测器都要比水银温度计准确得多。同样，晴雨表、湿度计及其他曾经使用压力、真空等手段来检测天气变化的设备也经历了类似的革新。

事实上，今天的微电子技术不仅可以测量更多的事物，而且比过去最复杂先进的模拟与机械设备测量得更加准确。它们可以在单个微芯片上集成多个功能，并依赖应用程序编程接口（API）跨越不同架构与制造商的众多设备与系统，实现数据的实时收发。将传感器连接到或集成到机器（比如机器人设备）中，就可以洞察物理世界中不同因素与系统之间的相互关系。

许多物联网传感器使用微机电系统（MEMS）技术，该技术可以追溯到二十世纪六十年代初。这些电路使用标准的硅制造工艺制成，实际上是小型机械系统（通常在一微米到一毫米之间），可以根据不同的环境条件及其他因素进行拉伸、弯曲、旋转或变形。MEMS会产生一个电信号并将其转化为数据，这些数据记录了系统正在移动的方式或对某些条件做出了什么反应。因此，健身追踪器、智能手表或智能手机可以测量活动和运动的相关情况，并结合GPS和其他输入，利用算法，将这些数据转化为步数或行驶距离。

MEMS如此强大的原因在于它们耗电量非常少、外形小巧且制造成本低廉（这是因为运用了一种名为光刻的工艺）。因此，它们可以用于各种物联网设备，并能够在各种情况和条件下使用。一只典型智能手机中的 MEMS 器件包括担负各种功能的传感器：一些用于监测手机使用环境里的光线、温度、压力和湿度，一些用于管理连接的 RFID、蓝牙和 Wi-Fi，另外一些则用于测量运动的加速度计、陀螺仪、磁力计和 GPS 等。此外，还有将声音振动转化为语音信号的麦克风传感器、用于身份验证的生物识别传感器、用于测量物理环境空间的 LiDAR 传感器、用于面部识别的雷达传感器以及检测人耳是否贴近手机的接近传感器。

传感器在不断地向前发展。研究人员现在正在开发能够嗅闻、品尝或具备其他人体功能的设备。这将彻底改变如食品制造、餐饮业及早期疾病检测等许多行业。其中一个尤其有趣的科研成果是一款检测变质食物的传感器。帝国理工学院的研究人员设计了一种基于纸张的电子气体传感器（PEGS），每只传感器的成本约二美分，可以检测到肉类和鱼类产品中的氨气或三甲胺等变质气体。这种传感器还可以被应用于其他方面，包括鉴别农业生产中的化学物质，检测空气质量，甚至识别人类呼吸中可能指示肾脏疾病的化学物质等。

还有其他一些研究人员正在尝试将嗅觉和味觉延伸到周围的世界。很多传感器与感受器能够将化学物质——糖分、脂肪、钠、pH 值以及其他物质与性质——转化为清晰的图谱。利用这些器件，研究人员能够将机器对味觉的识别和分析水平推到一个新的高度。纽约大学麦克德维特实验室的一组科学家开发了一种可编程传感平台，其中的微机电系统芯片，可以将生物成分数字化并对成分中某些特定特性与标志物进行检测。而云联网设备只需按一下按钮即可执行这些检验。生物标记指纹的识别技术可以推动牙科、肿瘤学及药理学等领域的发展。

在未来的某一天，所有这些终将构建成增强现实与虚拟现实的平台，届时人们无需出门，即可感受到普罗旺斯薰衣草田间的香气，或是品尝到来自餐厅的美味。

尽在芯片之中

随着物联网的发展和演变，用于传感器、设备或机器的芯片组也在不断发展。对于特定的物联网功能，微芯片在不断地优化并尽可能地提高其连接性能。例如，它们能够在一些人力难以覆盖的地方（包括大型建筑物）利用移动蜂窝网络，同时消耗最少的能量。此外，它们可以根据需求来使用不同频段，进而自动适应无线电频率的变化。这让它们适用于许多新的物联网应用场景，以及更广泛的条件和环境。

物联网芯片被应用于农田、储罐、隧道和桥梁、智能交通计量仪、工业机器、包裹跟踪设备以及交通网中的部署时，一个最关键的问题就是电池寿命。定期更换电池不仅会增加成本，而且会削弱系统的价值。当网络中的一些传感器无法工作时，整个系统都会受到其影响。因此，制造商也将目光聚焦于这个问题。他们正在开发能够更好地感知环境并采用最佳运行模式的芯片，同时设法延长其电池使用寿命。2020年4月上市的高通212LTE物联网调制解调器芯片正是这样的一次有益尝试。它不仅可以在待机时降低功耗，还支持各种电池供能，以确保该系统能够运行十五年甚至更长时间，而且它符合物联网数据传输的常用协议NB2。

半导体领域取得的其他成果正在从实验室走向现实。一个重要的研究方向是专门为物联网设备上运行的边缘人工智能而设计的芯片。这些芯片可以根据需要而激活，只对几百个内置命令做出反应；还有些芯片能够执行自主机器学习。与传统的冯·诺依曼架构芯片或存储程序芯片（如中央处理器和数字信号处理）不同，这些边缘人工智能芯片不需要在内存和处理器之间交换数据，那种交换过程会导致数据延迟和性能下降。这些芯片比传统设计更快捷、更节能，同时提供了规避隐私泄漏隐患的新方法。

微波炉或咖啡机可以识别简易的语音指令。当用户告诉微波炉重新加热食物，它就能执行这个命令。该芯片无需联网，因此能有效阻止亚马逊或谷歌窃取用户的语音信息或任何敏感数据。开发边缘人工智能芯片的 Syntiant 公司首席执行官兼联合创始人肯·布希（Ken Busch）表示："这种设备的响应速度更快，隐私保护性也更强，它不必让信息在设备和云端之间往返。"

该类型的芯片，尤其是在与点对点模式（Ad Hoc）[①]或个人云结合使用时，可能会在未来几年深刻地重塑物联网。康奈尔大学电子工程教授阿米特·拉尔（Amit Lal）正在研发进一步改变物联网的芯片。作为美国国防部高级研究计划局（DARPA）2017 年至 2019 年近零项目（NZERO）监督团队的一员，他和其他研究人员一起研发了超低功率或零功率纳米机械学习芯片。这些芯片可以感应声学信号或其他形式的环境能量，并根据需要自动激活。这项研究可能会支持车辆、机器人、无人机等通过独特的声学特征来进行环境检测，具有重大的安全意义。拉尔说："比如，在其他车辆或设备接近并构成威胁之前，便可以验证它们的身份。"

随着人工智能的兴起和物联网的形成，研究人员也在探索其他类型的先进芯片。例如，模仿大脑工作模式的神经形态芯片可以彻底改变自动驾驶汽车和语音识别技术等。这个设想由

---

① 点对点模式就和以前的直连双绞线概念一样，是 P2P 的连接，所以也就无法与其他网络沟通了，一般无线终端设备用的就是点对点模式。

来已久，早在二十世纪八十年代末，加州理工学院的卡弗·米德教授（Carver Mead）就已率先提出这一理念，但在芯片上创造人工神经元和突触，无疑将使设备获得像人类大脑一样自主学习的能力。

这意味着无人机可以"自我学习"和"自我编程"，在不同的条件下（比如在森林里，或是在高楼林立的城市里）自主飞行。机器人能够学会针对所要抓取的不同物体来调整机械臂的抓握力和灵敏度。加利福尼亚大学洛杉矶分校加州纳米系统研究所副主任亚当·斯蒂格（Adam Stieg）提出："设备获得了自主计算和自主学习的能力，再辅以超低能耗，很可能会极大地改变现代计算技术的面貌。"

更加精细的云

在短短几年里，云计算已经渗透到人们的日常工作和生活中。许多人认为云是一种效用计算 ① (utility computing)，因为它可以随时打开或关闭服务。更重要的是，用户可以实时、动态地增加或减少带宽。云计算也大大提高了处理、路由和同

---

① 一种提供服务的模型，在这个模型里服务提供商提供客户需要的计算资源和基础设施管理，并根据应用所占用的资源情况进行计费，而不是仅仅按照速率进行收费。

步数据的效率。任何单个组织或政府都难以建立能够容纳物联网数据存储的基础设施。此外，通过编程接口，可以构建起更加灵活、更加自动化的环境。编程接口允许不同的设备和系统相互通信，即使它们依赖于完全不同的标准或协议也无妨。

尽管人们对云这个词已经耳熟能详，并能根据不同情况应用于不同场景，但在物联网方面，我们需要关注的重点是，它提供了一个能在扩展网络（例如互联网）上运行的分布式计算环境。这些计算机集合搭建了一个平台或服务器，其用户既包括开发物联网设备和应用程序的企业，也包括其他使用云的人。云用户可以通过互联网或专用网络，以虚拟化服务的形式享受软件、硬件和包括数据存储在内的各种服务带来的便利。虽然这个概念并不新鲜（托管服务或受管服务的概念可以追溯到二十世纪五十年代，当时被称为分时服务），但在过去几年中，其处理能力、带宽和软件开发方面取得的长足进步已经重新定义了这一领域，并将云置于互联世界的核心。

云对物联网意义非凡，因为它为数据存储提供了高度延展的环境。毋庸置疑，不管是机器生成的数据还是用户传输的视频，海量的互联设备一定会产生海量的数据。其中一些数据以大文件的形式出现，而像传感器数据和日志这类的其他数据则以小文件格式存储。不过，虽然这些文件体量很小，但每时每刻都有数百万甚至数十亿的文件传入互联网。传统的数据中心限定了所有系统只能访问特定位置的服务器。然而，使用对象存储（object-oriented storage，顾名思义，将数据视为更容易找到的对象而不是文件块）和全闪存阵列（all-flash arrays，用固态存储取代硬盘驱动器）的云框架可以将数据移动到更接近目标的位置，从而缩短分析处理或机器学习所需的时间，还能适应不断变化的流量。

物联网和云重塑万物的实例之一就是它们正在帮助人们保持更好的体态。多年来，想要追踪个人锻炼情况的跑步者、徒步者、骑行者和其他健身爱好者，要么是用纸笔来记录成绩，要么是购买一个昂贵且笨重的设备，用它来记录运动步数和距离，但这些设备往往不具备传输数据的功能。即使可以导出数据，也需要登录电脑，连接网线并使用专有软件来传输。即使其中数据内容出错也丝毫不足为奇，因为包括人类大脑记忆能力在内的各种记录方法都不完全可靠。

到了今天，连接到云端的智能手表、健身设备和智能手机应用程序已经将运动成绩的记录和追踪提升到了一个全新的水平。而且，这些设备记录的数据也变得更加准确和可靠。苹果手表、Fitbit手环和健康宝等应用程序可以通过内置传感器和电子设备（包括加速度计和高度计）来跟踪用户的步数、消耗的热量、心率、爬过的楼层和运动时间。有些设备还能监测用户的夜间睡眠情况。通过手机或电脑上的相关应用程序，用户就可以查看自己的运动进度、趋势和表现。此外，当数据传入设备和云端时，云还会对这些数据进行分析，再以图表、图形和其他形式反馈给用户，或是将相关信息传回移动应用程序或网站上，便于随时查询。用户还可以与世界各地的朋友联络、切磋，在网络竞赛中赢取徽章和奖励。

然而，这些设备和应用程序的功能远远不止显示各种数据那么简单。这些软件可以与其他应用程序集成并交换信息，从而与联网的跑步机、动感单车和健身房的其他设备实现数据共享。与之配套的还有心率监测软件、追踪步行和跑步路线的智能手机软件，以及监测食物和卡路里摄入量的软件等。在用户授权的情况下，苹果公司的健康应用程序甚至能将所有数据与用户的医疗记录结合起来，为用户提供全方位无死角的个人健康监护，帮助他们及早发现自身存在的健康隐患。

这些功能的妙处不仅仅在于能够详细而全面地测量和记录运动情况，其更大的价值在于，它构建了一个由服务和应用程序组成的生态系统，可以以更广泛的方式来连接数据和信息。凭借这个系统，我们可以描绘出一张相当精确的关于个人活动和健康状况的动态记录表，而且可以记录一整天，甚至从运动到饮食、从营养到睡眠，每一天的内容统统"记录在案"。如果没有移动技术、云计算和互联系统，这一切都不可能实现，每个人的信息都将成为一座数据的孤岛，只能发挥极其有限的价值。

云技术也在不断进步。卡内基梅隆大学计算机科学教授马哈德夫·萨特亚那拉亚南（Mahadev Satyanarayanan）认为，微云（cloudlet）可以改变家庭、企业和车辆的状态。这些系统基本上可以视为集装箱式的数据中心。他说："目前占据足球场大小面积的至强（Xeon）硬件将被改造成集装箱或机架以适应新的环境。这些超融合云将使计算机更贴近用户，并最终实现高带宽和低延迟的目标。"

微云可能具有革命性的意义，因为当前的云技术会产生很高的延迟。尽管对于使用谷歌文档编辑文件或是在网站上添加购物车的用户来说，计算机或物联网设备完成数据往返所需的七十毫秒或更长时间是可以接受的，但对于许多物联网设备来说，这并不理想，有时甚至算是严重缺陷。对此提出更高要求的设备包括无人机、机器人、自动驾驶汽车和许多其他需要自主处理、本地机器学习和瞬间决策的互联系统。

当将这些微云与针对边缘人工智能而优化的新芯片相结合，还可以激发出一系列全新的物联网设备和功能。这些设备和功能可以根据指令唤醒，更高效地运行，并将数据保存在本地，而不是存储在云端或公司的数据库中。通过这种技术，我们可以使用简单的语音指令指挥微波炉解冻硬面包圈或是重新加热剩下的芝士通心粉。配备传感器的微波炉可以将食物解冻或加热至完美的状态，至少堪称是微波炉加热的最高水平！

微云和边缘人工智能的核心既简单又基础。微波炉、咖啡机或洗衣机并不需要拥有强大的语言和处理能力，只要能识别几百个精选单词或短语就足够了。更重要的是，专门的边缘人工智能芯片和微云还有第二个优势。它们可以从根本上重新划定数据隐私的界限，阻止相关公司通过智能电视、智能音箱或视频门铃"监听"用户的信息。用户可以更好地掌握哪些数据（包括视频）可以上传至公共云端并最终进入制造商的数据库。

方位感知

今天，物联网通过摄像头、传感器、卫星、全球定位系统（GPS）和其他系统来追踪运动和轨迹。数码相机用照片来记录地理位置；手机信号塔用手机记录用户路过此地的确切时刻；读卡器和应答器系统记录司机经过收费站的时间；社交媒体应用程序记录人们发布动态、更新或打卡的时间和地点。不仅如此，GPS 芯片和卫星在任何特定时刻都能准确锁定飞机、火车和车辆的位置。

虽然全球定位系统已经存在了二十多年，但实际上发射一系列绕地卫星的设想早在二十世纪五十年代就被提出。它现在只是整个位置感知链条上的一小部分。其他关键组件包括：具有唯一识别号码（UINs）的计算设备；能够跟踪设备网络（如互联网）位置的 IP 地址；能够显示设备局域网位置的以太网地址；以及无线网络、蓝牙和 RFID 标签，它们可以提供关于设备或物体位置的详细信息。

在这个新的物联网秩序中，智能手机代表了地理定位中的"最后一公里"。利用 GPS 芯片和蜂窝塔三角测量，智能手机即可完成定位。当信号太弱或由于建筑物或障碍物的遮挡而无法获取时，智能手机还可以使用本地无线网络数据或辅助 GPS（A-GPS）技术，来持续不断地收集数据。这些技术都依赖于各种网络资源来识别用户的位置，以实现与设备的互联。

致动器和控制器回归现实

传感器可以生成数据，微芯片可以处理数据，云可以移动数据，但同样属于传感器类别的致动器对于读取传感器数据并回归现实的过程至关重要。这些设备作为传感器的反应者，能将数据转换为现实的动作或事件。安全系统、联网门锁和电动机都是致动器。无论是在摄像头追踪运动的过程还是在门锁自动闭合的过程中，都是由设备或网络中的各种传感器来提供触发现实事件所需的数据。由于物联网是关于自动化的技术，它需要一个控制系统来处理资源受限环境中的基本功能和功率计算。Raspberry Pi[1]和Arduino[2]等平台可以提供这一功能。它们提供计算能力，并使用单板计算机和软件来控制各种外围设备和交换机。只有信用卡大小的 Raspberry Pi 可以被广泛应用于物联网设备。

网关很重要

优化物联网的性能绝非易事。高度分布式的设备和系统通常在不同的技术和通信平台下运行，这就需要专门的通信、处理和存储系统。其中一种是边缘或雾存储和处理系统（我们将在后面的章节里讨论）。这些系统也被称为智能网关，可以使用本地存储和本地处理来最大限度地减少在云和其他系统之间来回发送数据的需要，从而减少带宽、延迟和潜在的中断点，并将物联网推向实时处理。

毋庸置疑，智能网关无法处理所有情况或场景。物联网网络可能需要设备网关，通常通过蓝牙 LE、Z-wave 或 Zigbee 等协议来建立，这些协议可以充当特定数据格式和互联网之间的

---

① 一般指"树莓派"，为学习计算机编程教育而设计，只有信用卡大小的微型电脑，其系统基于 Linux。
② 一款便捷灵活、方便上手的开源电子原型平台。

转换器。然而，智能网关并不是促进物联网通信的唯一方式。智能手机也可以作为设备和互联网之间的网关。智能手机可以通过无线技术进行连接，甚至可以通过网状拓扑直接进行设备对设备通信。当使用 API 框架时，它还可以减少或消除对其他类型共享网关的需求。

保障连接的消息中间件和应用协议

正如交通信号灯可以调节交通一样，物联网系统也需要消息中间件来有效地建立连接并完成通信。除此之外，中间件平台可以支持设备注册、监督数据存储需求、帮助设备相互连接，并贯穿整个物联网框架。消息中间件并不是物联网所独有的，它也可以执行许多互联网上任务，但物联网系统对消息中间件有着特殊的要求。例如，其他设备可能只需保存几分之一秒的数据，而且容纳的数据量也大小不一，而消息中间件则必须满足物联网设备和用户的特定需求。该组件通常通过云程序来提供服务。

物联网的另一个重要组成部分是应用协议。顾名思义，它能处理特定于应用程序的消息。这些协议位于传输层之上，包括几个变体，用于处理不同类型的情境。其中包括：用于处理机器对机器通信的消息队列遥测传输协议（MQTT）、用于处理资源受限环境中机器对机器通信的受限应用协议（CoAP）、用于解决事务处理的高级消息队列协议，还有使用客户端－服务器模型来维护持久连接的 WebSocket 协议。除此之外，还存在一些其他工具（包括开源框架），比如专门为智能城市和工业自动化设计的协议。

5G 改变物联网

物联网与第五代移动通信技术（5G）也息息相关。5G 对智慧城市计划、供应链、机器人技术、军事系统和无数其他框架发展都起到了显著的推进作用。这是因为 5G 的速度比目前的 4G 蜂窝网络提高了一二十倍，使得下载速率也提高到接近每秒一二百兆。

但 5G 的优势绝不单单体现在速度上。与前几代蜂窝技术相比，5G 信号可以传播得更远、更快。事实上，5G 如此强大的原因之一在于它处理数据传输的方式与 4G 迥然不同。它不是同时向多个方向传输信号，而是通过低频且单一指向的面板来传输数据。这样一来，5G 传输可以减少高达 90% 的延迟，同时节约高达 90% 的能源，既节省了成本，又增加了系统和网络的容量。

与目前的 4G 网络相比，每米范围内，5G 网络可以多覆盖大约一千台设备。这就大大缓解了智能手机和其他移动设备在网络上的拥堵情况，而且为物联网设备和传感器提供了更广泛的应用场景。换句话说，5G 为数据在物联网设备之间的流动开辟了更新、更好的路径。这一技术有望从根本上改变我们对物联网的看法，并利用它来实现更多的梦想。

对标准的需求

尽管物联网的基础已经打得相当牢固：我们拥有了无处不在的通信网络、可以检测周遭活动和事件的传感器，以及胜任各种任务的众多设备，但如何确保它们的兼容性、如何提升数据的交换能力仍然是一大挑战。在下一章中，我们将仔细探讨定义物联网的许多具体标准。然而，就目前而言，我们必须要先理解标准的重要性，因为正是通过协议和应用程序编程接口（API）连接无数"事物"的能力，才使物联网如此强大。

试想一下，如果每个汽车制造商都各自为战，分别开发一系列不同的零部件和产品控制系统，我们的生活会是什么样子。假如司机开这辆车时要使用方向盘，而开另一辆车时要使用操纵杆或控制杆，那开车会是多么麻烦。假如电子邮件系统不能相互连接，或者电话不能跨越不同的服务商和地理区域

（这些壁垒确实是电话和电子邮件问世早期所面临的问题），那人们之间的联络会是多么困难。假如不同品牌的电器需要搭配千差万别的线路和电气连接，那做家务会是多么烦琐。可以说，随着产品成本的增加和操作流程的复杂化，其销售额和市场占有率都将急剧下降。

在一个联网设备形同孤岛的专有物联网世界中，用户将无法通过中央应用程序或控制面板来管理全屋的灯光、安全设备、摄像头、恒温器、门禁系统、车库门以及其他机器和小工具。在某种程度上，对于用户来说，与其使用单个应用程序和工具，恐怕还不如这些设备压根儿就没有联网。如果在每个场所都使用需要不同的应用程序、工具、技术和方法来访问和处理数据，那么企业在商场、电影院或体育场馆通过促销或互动来吸引目标受众的难度和成本就要高得多。

事实上，联网设备带来的真正好处并不在于使用智能手机应用程序来管理某件事物，而是将众多事物互联起来。谷歌和苹果的很多产品大受欢迎的原因，也是它们占尽资源的底气，就是它们突破了专有车载系统的界限，开辟了一个更为广阔的功能世界。只需简便的操作：驾车者在智能手机上点击谷歌的地址或行程，系统就会自动开启目的地导航。在传统的车载系统中，面对同样的情况，司机必须先花几分钟在专用的导航系统中手动输入地址，而且很可能是笨拙地使用旋钮或按钮来输入每个字母。

新的信息娱乐系统还能让你轻松地通过一键操作收听个人收藏音乐，或无需输入数字或上传电话簿就能拨打电话。此外，它们还引入了包括语音指令在内的快捷方式，为许多以前不成熟、存在潜在驾驶风险的功能提供技术支持，同时增加了与智能手机连接的功能。无独有偶，像苹果、谷歌的智能家居平台也把管理数十个或数百个设备、应用程序和界面的大杂烩整合到一个应用程序。

当然，随着时间的推移，人们的期望值也在不断提高。将手机连接到汽车设备上，听着爱尔兰 U2 乐队的摇滚乐或拉赫玛尼诺夫（Rachmaninoff）的钢琴曲，这自然是一件有趣而愉悦的事情，但开车的人可能也想知道刚刚收到的短信是什么内容。CarPlay 就能实现这一目标。它能语音播报手机里的信息，司机也可以口述回复，再由系统编辑成文本发送出去。同样，如果一开始用户家里只有一盏联网的灯具或开关，当他发现语音助手竟然能够控制灯具，甚至远程调节亮度时固然会很惊喜，但他的关注点很快就会转移到能否将所有灯具和其他系统都接入网络，创造出全智能家居的场景。这就需要一个应用程序和标准来实现这个梦想。

商业界已经认识到物联网领域中标准、平台和框架的价值。这些标准由不同的组织建立，比如电气与电子工程师协会（IEEE）、国际互联网工程任务组（IETF）、国际自动化学会（ISA）和国际标准化组织（ISO），它们涵盖了广泛的领域，包括基础设施、设备识别、通信和数据传输、数据协议、发现方法、设备管理，以及语义和多层框架等。技术标准涉及了从设备认证到管理传感器和数据的编程语言等方方面面。更重要的是，稳健的设备管理系统已经出现。这些功能使得物联网系统管理员可以在管理访问和安全功能的同时查看和管理众多设备。

由于不同的传感器和设备必须在完全不同的条件和环境中进行通信，因此需要使用多个无线协议，并且通常在同一设备上就需要使用多个协议。蜂窝连接可以用于在几公里的范围内传输信号，但它的功耗通常很高，而且该技术不适合用于几百乃至几千个传感器之间或一整栋建筑内部的通信。这就需要一种与之不同或互补的协议，如 Z-Wave 或 ZigBee，它们可以在消耗最小功率的前提下以低延迟运行。所有这些灵活功能都必须设计到物联网网络中。此外，网络中的设备必须能够进行身份认证并遵守安全标准。

可靠性举足轻重

物联网不仅仅是智能家居、工厂和联网活动跟踪器的集合。对于许多领域来说，尤其是交通和卫生保健等领域，建立高度灵活的系统至关重要。不同数字技术的融合带来了各种可能性，也带来了一系列变化、挑战和风险。物联网的核心是机器和人之间建立持久可靠的通信。不可靠的通信轻则为人们的生活带来不便，重则可能在某些情况下带来致命的危险。

为了使物联网的运行结果可靠而有预见性，在保持关键数据的加密和安全性的同时，为数据建立起像城市道路一样的流动路径显得尤为重要。当一个系统或通信协议不起作用或无法连接时，"车辆"（即数据）就可以变换车道绕过阻塞点，继续前往目的地。在这些情况下，就需要在设备中嵌入多个通信系统，在联网之前将数据缓存到本地设备上，再利用对等计算功能，使得在无法联网时也能传输数据。

想象这样的场景，在车库里，卫星信号无法穿过钢筋混凝土结构而导致 GPS 失灵，进而使得你无法找到停在车库里的汽车。因而，这项导航任务需要辅助技术（如手机、信标和定位仪）来完成。同样，现在有一些系统采用了蓝牙技术，可以让数据在一系列未联网或断开连接的设备（如智能手机或平板电脑）之间传输，直到其实现互联网连接。此时，数据会先被传输到目标应用程序或数据库里，再被整合到物联网中。

数据即结果

　　各种芯片和传感器的使用，加上智能手机或其他设备的人工输入，产生了海量的数据。在现有数据来源的基础上（许多企业都拥有可以追溯到过去几十年的遗留数据库和记录信息），人们已经开始探索数据领域的新前沿。云软件公司 DOMO 在2019 年发布的一份报告中指出，每天仅仅美国人每分钟就会消耗 4416720GB 的互联网数据，其中包括 1.88 亿封电子邮件、181 万条短信和 4497420 次谷歌搜索记录。此外，平均每分钟在 Tinder① 软件上就有 140 多万次点击，优步打车软件上就有9770 多次下单。

　　联网传感器和联网设备可以提供关于动作、运动、事件、行为和条件的更精确的数据。当所有这些数据被分组、整合和分析时，就会梳理出实用的信息。比方说，利用数百万个传感器和气象站的数据（这些数据有时来自各个街区的观测站，有时来自无人机和联网车辆的采集结果），物联网大大提高了天气预报模型的准确性。现在，"未来五天天气预报"的准确性几乎可以和 1980 年时"明日天气预报"的准确性相媲美。除了

---

① 一款手机交友软件，作用是基于用户的地理位置，每天推荐一定距离内的四个对象，根据用户在脸书上面的共同好友数量、共同兴趣和关系网给出评分。

天气预报，关于龙卷风、冰雹、山洪暴发、暴风雪和极端高温的预警和早期监测可以帮助人们提早远离危险。科学家还能够利用这些数据更好地模拟各地的长期气候模式，并及时掌握洋流变迁情况和由于气候变化而导致的高空大气层的变化情况。

物联网还能帮助企业通过及时掌握供应链动态来开发出更加灵活、更加创新的制造模式。流行病学家能够更快地了解病毒是如何传播的，以及如何集中资源优先解决最紧急的事项。如今，不管是在飞机上还是在矿井中，都有数不尽的联网设备，这些传感器、设备和机器正源源不断地为人们提供数据流。据思科系统（Cisco Systems）公司[①]估算，波音 787 飞机平均每飞行一次就会产生 40TB 的数据，而矿井则平均每分钟产生 2.4TB 的数据。长期以来，来自可穿戴设备、智能家居、汽车、公用仪表、游戏机和道路传感器的数据经过日积月累，早就难以估量。

将数据置于环境之中

随着数字时代的逐步发展，数据分析、机器学习和其他形式的人工智能已经成为人们关注的新焦点。个中原因显而易见，传感器、设备和 IT 系统会产生大量可操作的数据。社交

① 全球领先的网络解决方案供应商。

媒体、消息流、音频、视频和快速膨胀的字节宇宙加剧了融合态势，也提升了人们对世界的洞察力。最终，工具、技术和功能相结合所产生的数据总和会比所有单个设备产生的数据加在一起还要大。简而言之，结合或重组之后的数据将以指数等级增长。

微电子技术的持续进步在未来几年将进一步扩大数据量。将传感器纳入物联网的最大挑战并不是设计新的功能（比如用智能手机充当酒精测试仪，或者用手机检测腐烂食物或公共场所的微小爆炸物浓度），而是构建新的数据和分析系统，用来发现、收集和排列数据，并从中找到合适的数据，再在特定的环境或情况下即时检验结果。

物联网产生的大量数据，或是用于保持系统运行而产生的数据，都需要一个高度分布式的框架来处理，该框架应该具备可扩展性、灵活性和高可用性。云的出现满足了这个需求，其他基础设施和系统同样发挥了作用。例如，物联网设计师和开发人员通常使用 NoSQL 数据库和 schema 来在不同情况下高速处理数据。这些系统还必须兼容结构化和非结构化数据。通常情况下，最终会形成一个时间序列数据库，以动态适应不断变化的需求和条件，比如监测车辆行驶的速度，抑或查看联网的门锁是否自动开启或上锁。

来自传感器、设备、机器和其他物联网组件的原始数据通常会进入分析平台层。平台层负责解析数据元素，并根据规则和编程程序，将信息和行动指令传递到各种设备。如今的物联网系统支持实时数据流处理，这种处理依赖于物联网的消息中间件层对所有数据进行排序。举例来说，像 Apache Spark Stream 之类的处理工具，就可以处理复杂的交互式批量数据查询，并适应众多应用程序和服务的切换。

机器学习和深度学习系统的使用也越来越多，从而促成了能够处理所有数据的升级新算法的生成。这些新算法包括监督学习，即利用人工对数据进行标记，以产生和改进算法；无监督学习，即让算法自己寻找答案；还有强化学习，即允许系统通过与周围环境的互动来学习。所有这些系统都旨在实现高度复杂流程的自动化，并从物联网数据中提取清晰的数据。试想一下，如果机场发布的炸弹警报闹了乌龙，就会引起大麻烦。当决策者试图疏散公共区域的人流时，必然会引发恐慌和潜在的危害，这是大众难以承受的后果。当然，如果真的发生了意外爆炸，结果肯定会更糟。不过，同样也没有人愿意接受自己的健康问题出现误诊或烟雾报警器在检测一氧化碳浓度时发生误报。

契合环境是构建现实世界联网系统的关键，它能预防误诊和误报的发生。为了开发出真正的智能建筑、交通基础设施、安全系统和智慧城市（在每个城市都有上亿个对象、IP 地址和数据生成点），我们必须采用与传统数据库完全不同的物联网数据管理方法。当数十亿或数万亿的设备将数据流传输到计算机时（数据流经过沿途的不同点位会接受到不同的处理），数据捕获、收集、存储和分析均已发生了巨大变化。在这样的场景中，传统的商业智能和分析工具根本无法适应如此庞大、分布式和复杂的数据集合。

随着物联网的发展，集成云和分布式计算模型提供了部分解决方案。通过在价值链的各个点位处理和分析数据，就可以扩展资源，并在任何需要的地方使用它们。许多云和软件供应商现在能提供高度灵活的计算能力（根据需要通过云调高和调低计算资源的能力）以及专门的机器学习和分析工具，用以将物联网数据转换为信息和知识。开源技术企业还引入了其他工具和资源来帮助人们处理不断增长的数据量。

然而，即使有了更精密的计算和数据管理模型，在通往智能住宅、智能建筑和智能城市的道路上也充满了其他阻碍。我们面对的主要问题有：谁占有数据、开源技术企业如何验证数据的准确性、如何确定用户使用数据的收费标准、用户可以对数据保存多长时间，以及如何格式化数据以供各行各业的消费者使用等。消费者在数据隐私方面表达了担忧。API 和其他处理数据的工具也对所有权和互用性的潜在问题提出了要求。

由下一代芯片、软件和算法驱动的环境感知传感能力将进一步改变机器的操作方式和人们查看、使用个人设备的方式。例如，智能手机可以判断出自己是否已经被放进钱包或口袋里，或者当用户快速奔跑去赶飞机或参加商务会议时，它就自动调整设置，开启静音或免打扰功能。同样，织入衣服、鞋子和其他配件中的传感器可以通过监测心率、排汗量、卡路里的消耗量和其他因素来确定跑步者或骑行者何时需要喝水或补充能量，以保持最佳状态。

然而，物联网及其产生的数据已经让人们无法忽视它们的存在。2019 年《福布斯观察》（*Forbes Insights*）杂志针对七百名高管进行的一项调查发现，有 60% 的企业正在使用物联网举措来扩展或转型新的业务线，而 36% 的企业正在考虑潜在的新业务方向。此外，63% 的企业已经通过物联网技术直接向客户提供全新或实时的服务。实时信息数据正在帮助企业以前所未有的方式深入管控自己的生产力和绩效性能，同时也更细致地了解消费者的行为和体验。

物联网：一个开放的前沿

与之前的互联网一样，物联网正在从技术、工具、系统和平台的融合中形成一个更加紧密而成熟的框架。在过去的几年里，微芯片、云、通信和软件领域取得的巨大发展已经帮助物联网改变了人们的工作和生活。设备和系统变得更加经济实惠、更便于设置和管理，也更加灵活和强大。目前的问题早已不再是物联网是否会影响消费者和企业，而是物联网对人类的影响究竟会有多大，会朝着什么方向发展。

第四章

智能化的消费类电子设备

无线的世界

我们很容易忽视自己在生活中对电子设备的依赖程度。在当今的美国，一个普通家庭大约有七十个电源插座。看看这些插座，再数一数那些从来不断电的设备和定期插电使用的机器，你可能会发现这类家电有几十个之多。这些产品包括烤箱、中央空调、吸尘器、台灯、笔记本电脑、打印机、烤面包机、碎纸机和充电器，等等。显而易见，现如今我们的日常生活已经离不开形形色色的机器。

但是在过去，每一件设备的问世都代表着一次前沿的技术突破，每一台机器都预示着一种更美好或更便捷的未来生活。比如，家用独立式机械钟的出现让人们摆脱了对教堂或城镇广场钟楼的依赖；洗衣机替代了在岩石上敲打衣服或用沙子摩擦衣服的体力劳动；烤面包机让我们无须生火或启动烤箱就能轻松地烤出黑面包；收音机和电视能够在很短的时间内把新闻和信息传递给人们，而无须再等到第二天见报；互联网则带来了一个永远在线、永远互联的世界。

我们对于这些越来越多的设备早就习以为常。它们只是我们日常生活的一部分。随着时间的推移，许多设备的功能已经变得越来越复杂、越来越完善。比方说，烤箱和电话上增加了时钟；洗衣机和其他电器加载了电路板，不仅清洁效果更好，还能全自动操作，同时节省能源；灯具配有调光器，可以根据需要调节亮度；烤面包机提供自动设置选项，甚至还有传感器来控制面包圈的火候；广播电台和电视台的内容都可以通过互联网来收听、收看。

消费类电子设备的技术崛起令人叹为观止，只不过我们经常忽略了这一点。更重要的是，近年来消费类电子产品内嵌了强大的计算能力，深刻地改变了我们看电影电视、交流、购物、收集处理信息等一系列繁杂任务的方式。平心而论，由于技术的不断创新，世界正在变得更加美好。新的科技使得人们解放双手，拥有更多的休闲时间，也提高了社会收益。我们的设备和汽车变得更安全，药品更有效，可以说，技术的提升为我们创造了过去几代人幻想中的舒适生活。

人们越来越强调信息和服务，而不仅仅是对商品的消费消费类电子设备的技术崛起令人叹为观止，只不过我们经常忽略了这一点。

和使用，这种理念正在深刻地改变着世界。比如优步和来福车①（Lyft），它们既是数据公司，也是叫车（有时也送餐）服务公司。谷歌和脸书公司可以通过应用程序、浏览器、设备和系统收集数据，以便更有针对性且更有效地为产品和服务做广告。我们时常忘了，谷歌其实是世界上最大的广告公司，它的搜索引擎或社交媒体流正是其挖掘数据的有力法宝。随着智能手机、电子阅读器、智能电视、智能家电、对讲门铃、电子体温计等越来越多的联网设备的出现，人们对周遭世界的洞悉力正在呈指数级增长。在2019年的美国，约有66%的家庭拥有联网设备，且大多数家庭拥有六到十几个甚至更多的物联网机器。有预测显示，到2030年，每个人将拥有十五台联网设备。

这些设备大致可以被归入四个技术品类：现有物联网技术、当前热点、新兴趋势和利基②物联网设备。第一类包括已经成熟的联网设备和系统，包括智能手机、可穿戴设备和电视等。第二类是当前的技术热点，典型代表就是数字助理、智能音箱、机器人和智能恒温器等能源管理系统。第三类代表了新兴的发展趋势，包括势头迅猛的联网设备，如智能照明，安全体系和联网电器。最后一类是小众的物联网，比如电动汽车充

---

① 美国第二大打车应用软件。
② 利基市场也称利益市场、小众市场，是指针对企业的优势细分出来的市场，这个市场不大，而且需求尚未得到满足。

电系统和联网园艺控制器等系统。这一类别的设备可能会被进一步投入应用，但不一定会成为主流。

多种因素推动了消费物联网的广泛普及。设备使用的芯片和传感器价格日益亲民，通信网络实现全覆盖，结合了边缘计算和雾计算的网络设计使物联网设备和应用程序的响应速度更快，软件和人工智能也取得了飞跃性的进步。诸如树莓派这类更先进也更便宜的硬件和执行器，也使得处理数据输入和输出变得越加高效。

我们来看一下 Rachio 花园灌溉系统是如何工作的。你只需更换现有的控制器，在智能手机软件中输入你在哪个区域有什么类型的土壤和植物，它就会根据天气预报和你的花园性质

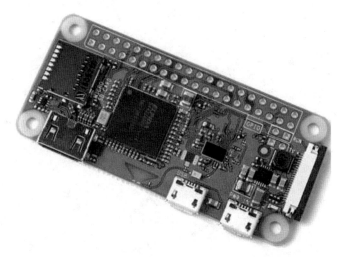

图 4-1　树莓派是一款单板计算机，大约只有一张信用卡那么大

多种因素推动了消费物联网的广泛普及。

计算出何时需要浇水和浇多少水。下雨时它将自动休眠，而且能根据当前情况自动调整不同区域的浇水时长。如果你想提高灌溉精度，甚至还可以在软件中添加联网的土壤传感器数据。一旦该系统设置完毕，它本质上就是一个零交互界面，算法会完成了所有工作。Rachio 灌溉系统还有另外一个优点，它每年可以为用户家里节省数百美元的水费。

联网设备改变了我们对产品和消费的看法，也让我们的行为发生了巨大的变化。就拿看电影来说，二十五年前，观影的主要方式还是到当地的剧院或电影院，花几块钱买一张票。在录像机和后来的 DVD 出现后，我们可以在家里看电影，只不过通常需要去音像店租些录像带或是光盘回来。在鼎盛时期，百视达音像店（Blockbuster Video）在全球拥有九千家门店，年收入可达五十九亿美元。即便如此，百视达音像店也只是庞大的音像海洋中的一叶扁舟，如今早已不复存在。现在，我们可以从与电视机适配的流媒体设备上购买或租赁影片，或是通过平板电脑、智能手机和游戏机在网上观看。我们还能在飞机上和咖啡店里看电影。许多时候，电影完全可以不登陆院线，而是直接在网飞^①或亚马逊影视网站（Amazon Prime）上映，这些网站不仅播放别人拍的电影，自己也创作网剧。

联网的设备后面是联网的人，这同时也彻底改变了人与人

① 美国一家互联网流媒体订阅播放公司，同时提供 DVD 出租服务。

之间的联系。然而，即使这些人际联系既重要又紧密，也都只是整个物联网拼图中的一个小版块。随着越来越多的传感器、设备和人互联在一起，出现了乘数效应①。例如，联网的电灯开关不仅可以让用户通过智能手机设定灯具的启停时间和其他手动控制功能，还可以与监控家里灯具耗电量的软件相连接，并提出最优使用建议来帮助用户节省电费。如果再升级一下的话，它甚至可以成为智能电网的一部分，使电力部门更好地了解城市的电量消耗模式，并据此调整费率、提出激励措施，从而在用户群中倡导更加节能高效的用电模式。包括交通运输、医疗保健和金融服务在内的许多行业都已经成功地做到了这一点。

当然，更多的联网设备意味着更多的数据交叉点，以及更多令人心生震撼的可能性。实际上，我们才刚刚开始步入联网设备的新时代。更重要的是，随着数字技术趋于成熟，创新的步伐正在加快，在物联网中必将创造出更多新的机会和可能。随着更强大的数据平台的出现、分析技术的进步、云计算简化数据传输流程、移动应用功能和复杂性的不断提升，还有芯片和传感器价格的大幅下降，物联网的框架将得到进一步的夯实。

---

① 一种宏观的经济效应，也是一种宏观经济控制手段，是指经济活动中某一变量的增减所引起的经济总量变化的连锁反应程度。

高科技，低接触

将多个设备连接在一起以增加其使用价值的想法并不算前卫。几十年来，人们早就学会在灯和电源之间放置一个计时器来控制灯具的开启和关闭，还可以使用遥控器来管理一组联网的电子设备，例如电视、DVD 播放器和音频组件等。进入个人电脑时代，串行端口和后来 USB 端口的出现还简化了如外接硬盘驱动器、数码相机、数码录音机、耳机、麦克风、打印机、乐器等外接设备的复杂流程。

连接消费类物联网设备非常简单。通常情况下，在智能手机或平板电脑上运行的软件或应用程序都能在网络上找到对应的设备，或是通过蓝牙与其配对，从而与设备建立起稳定且安全的连接。一旦设备被发现并连接上，就可以通过点击按钮或轻点屏幕来调整设置。此外，一些设备还可以找到已经安装的其他程序，并从中提取用户的常用设置和首选项。这时，仅凭一个应用程序就能显示出家里所有灯具或烟雾报警器的工作状态，最起码同一制造商生产的设备都可以兼容互连。

API 支持来自不同制造商的应用程序与其他设备和软件系统协同工作。例如，不管用户在世界上的什么地方，都可以用智能手机打开自家的车库门，还可以将此特权授予他人或将其取消。亚马逊送货上门服务的亚马逊钥匙就是这样操作的。送货员可以使用手持扫描仪自己开门，将包裹妥善地递送至客户家的车库里，但他们并不能获得实际的密码权限。在此送货过程中，用户会收到实时通知。

事实上，在过去的几年里，联网设备和系统均已变得更加精密。因为有了更好的用户界面、更完善的软件、更便捷的远程访问、升级的技术标准，以及对设备操作得更加得心应手的用户，一个高度连接和交互的框架已见雏形。技术上的进步，如速度更快的半导体、GPS、加速度计和其他传感器，已经消除了处理硬件物理层和底层计算机代码的壁垒，反过来降低了成本，从而进一步刺激了用户对联网设备的需求。

智能电视是联网设备发展的一个经典案例。回想一下，过去消费者每购买一件电子设备，就会得到一个遥控器。如果要同时控制好几个设备，场面就会非常混乱，有时甚至手忙脚乱、频繁出错。后来出现了通用遥控器，将操作多台机器的功能整合到一个遥控器中。然而，要将电视、DVD 播放机、收音机调谐器、流媒体设备和音箱的控制代码编写到一个遥控器程序中同样十分费事，而且这个过程往往非常折磨人。后来，终于出现了智能遥控器，用户可以通过 USB 连接在笔记本电脑上进行编程。只需访问一个网站，选择适配的设备型号，系统便可从其数据库中为用户安装正确的代码和远程控制程序。做完这些，遥控器就可以切换控制所有组件，而不需要反复点击按钮。甚至有一些智能遥控器能通过智能手机上的应用程序来控制电子设备。

时至今日，智能电视已经内嵌了所有这些功能。只要用高清接口（HDMI）线插入一个设备或组件，电视就会立即识别出这是什么设备，然后安装相应程序。电视遥控器上的特殊按钮能显示它所控制的不同设备和服务。许多电视还具备语音搜索、服务和基于物联网的其他功能。此外，智能电视通常包含各种设备和节目供应商，如亚马逊影视网、网飞和苹果电视，以及各种网络电视频道。你只要登录账户，就可以简便地在不同组件和服务之间切换，可谓"遥控在手，天下我有"。

更智能的软件和系统，以及无线技术和更复杂的算法不仅能大幅度降低工具的使用难度，还能为其引入全新的功能、服务和工作方法。以优步和来福车举例，你只需点击一个按钮，就可以在网上叫车。在抵达目的地时，只需再点击几个按钮就能给司机评分并支付车费。通过将数据库、电脑和智能手机连接在一起，爱彼迎①（Airbnb）可以让用户在几分钟内就预订到几乎全世界范围内符合个人预算的住宿地。银行应用程序还支

---

① 一家联系旅游人士和家有空房出租的房主的服务型网站，为用户提供多样的住宿信息。

持智能手机即时扫描支票和存款凭证。如果倒退回十年前，所有这些简便的操作都是不可想象的。

如今，得益于物联网，消费者的行为和消费模式都在发生显著的变化。消费者已经抛弃 CD，转向数字音乐下载和流媒体音乐服务。一些人已经不再购买精装书和平装书，转而使用电子书阅读器。当人们想看电影，只需拿出智能设备点击一个按钮，就可以随时随地在线上观看。人们出行时不必再携带胶卷或磁带，一部手机就可以拍出无数照片和视频。不管是演出、体育赛事还是航班的票务信息都可以保存在智能手机或智能手表上。

换句话说，高度互联的世界正在经历前所未有的颠覆。突然之间，人们可以用智能手机操作洗衣机或车库门，用联网的门锁和智能手机向访客或维修人员授权临时入门，用智能手表贴近读卡器就能刷电子车票登上地铁，从而告别了柜台、售票机和纸质票。

物联网平台的兴起

多年来，家庭自动化主要局限于计时器设备和懒人工具箱。比方说，工人在安装控制灯光和电器的系统时，还需要花费大量的时间和精力对设置进行调试、修补和改善，想让各个组件丝滑地配合运作几乎难于登天。家庭自动化的诞生要归功于一家名为 Pico Electronics 的苏格兰公司。它在 1975 年开发了最早的自动化标准 X10。该公司推出了灯光和电器的控制装置，以及可以控制电灯和其他电子设备的模块。所有这些都只需借助家里现有的电线即可运行，而不必增加额外的负担。后来，该公司又对 X10 的界面进行了调整，使其可以在个人电脑上操作。尽管 X10 开创了实现家庭自动化的先河，但遗憾的是，这项技术并没有形成席卷全球的势头，而是在许多年后默默退出了历史。

不过，Z-Wave、ZigBee 和 Insteon 芯片的出现彻底改变了这一切。例如，Z-Wave 无线通信平台能使用低于一千赫兹的低功率射频波来连接各种电子设备，如照明、门禁控制、恒温器、安全设备、烟雾报警器和其他电器等。该网络中每个插电使用的设备都能成为信号中继器。如此一来，家里添置的设备越多，信号就越强，所有设备的性能也就发挥得越好。这种网状拓扑结构还针对低延迟和高稳定性进行了优化。其信号的覆盖范围广达一百米，可以轻松穿透墙壁和地板，在设备之间建立稳定而持久的连接。此外，它还以每秒一百千字节的速率进行小型数据包交换。不仅如此，它还不受周围 Wi-Fi 和蓝牙系统的干扰。目前市面上已有超过两千一百种经过 Z-Wave 认证的产品可供人们选择。

ZigBee 还专注于在设备之间实现低成本、低速率通信。该平台采用 128 位加密来保护数据，并通过中间的 ZigBee 设备传输信号将数据传输至其他远程设备上。这种网状网络使用 802.15.4 无线电，非常适合低速率且只需要间歇性传输数据的应用。因此，现在 ZigBee 被广泛用于无线自组织网络，包括电灯开关、恒温器、电表、健康监测设备，以及各种商业和工业系统。ZigBee 联盟框架内涵盖了三千五百多种认证产品，在全球安装量超过三亿次。

Insteon 平台可以通过电线和空中传输发射射频来控制电灯开关、灯泡、恒温器、运动传感器、监控摄像头和其他设备，因此解决了钢铁、混凝土和其他经常阻挡无线电波的物体所造成的障碍和干扰问题。Insteon 没有采用指令方式来管理设备，而是采用双支拓扑结构来创建点对点网络，所以它的传输速度相对较快，每秒可达 38400 比特。在该网络中，每个插电设备都可充当双向中继器，这就意味着该系统随时都能找到最快捷的路由来完成数据交换。Insteon 声称，这项技术已在全球超过一百万个节点上加以应用。

虽然 Z-Wave、ZigBee 和 Insteon 都是相对成熟的平台，且广泛用于消费设备，但它们并不是制造商所使用的全部协议和平台。更重要的是，由于制造商设计和制造的产品以及他们使用的 API 都不尽相同，各类设备难以流畅地协同工作。其结果是一个混乱的物联网环境，某些设备只能在某些平台上工作，例如亚马逊、谷歌和苹果就各有各的智能家居平台。在许多情况下，用户对产品的选择权十分有限，因为其他设备可能与他们使用的智能家居平台并不兼容。换句话说，有些产品只能在制造商提供的应用程序中使用，但无法接入自家现有的智能系统，也无法和其他产品交互使用。

家庭自动化成为现实

家庭自动化的吸引力在于，它有望带来更大的便利、更高的安全性和更节能的系统。除了互联照明、车库门禁和智能锁之外，一系列其他产品也正在塑造物联网。例如，当火灾发生时，联网的烟雾探测器可以第一时间通知紧急救援人员。一些系统还会在需要更换新电池时，及时向用户的手机发出提醒，并支持通过手机关闭系统的蜂鸣提示音。清洁机器人已经深入家庭和企业，成为常见的好帮手。与此同时，智能恒温器除了编程和调试环节更加简便，还能优化性能，其节能效率高达23%。包括 Ecobee 在内的一些系统，还可以根据不同房间的传感器数据来调节室内不同区域的温度。

未来，这些嵌入传感器的系统将熟悉居住者的行为和生活模式，并掌握房屋的独特特征。利用机器学习和深度学习技术，它们将自动调整算法，以适应四季轮回和其他变化。这可能对能源消耗和全球气候变化产生深远的影响。据美国电信和信息管理局（US National Telecommunications and Information Administration）估计，仅在美国，每年节能两三成就意味着节省下一千亿千瓦的能耗和一百五十亿美元的支出。

现在我们已经可以控制家里几乎所有的电子设备，甚至还可以管理越来越多的非电子设备。智能安全系统和监控设备，如亚马逊门铃，已经变得十分普及。利用 iDevices 和 Wemo 等品牌的插座，任何插头或灯具都可以变成联网设备。有了 Alexa 或 HomeKit 智能家居系统，用户可以设置灯光和其他设备的启停时间，比如在有人进出时自动开灯，而且这些设备都支持远程操控。只需在手机应用程序或智能手表上点击一个按钮，或者对设备发出语音指令，就可以打开或关闭家里所有的灯，或者将灯光调节至某个特定的场景，比如家庭影院模式或浪漫模式。

物联网和家庭自动化的前沿阵地之一便是厨房。例如，亚马逊倍思（AmazonBasics）①出品的微波炉可以通过 Alexa 智能系统来执行简单的语音指令；Instant 智能电饭煲可以响应手机应用程序输送的命令；还有联网的厨房计量称、空气炸锅和烹饪温度计等，只要食物做好了，这些产品就会发出提示音。

---

① AmazonBasics，亚马逊公司基于消费电子类中基本产品的自有品牌。

家电制造业巨头也在推出能接受语音指令的烤箱、微波炉、洗碗机和洗衣机等。例如，厨宝（KitchenAid）品牌的智能烤箱可以实现远程控制，同时内嵌了联网的传感器，可以与智能手机互联，用户可以通过亚马逊或谷歌的智能家居平台来发送语音指令。

毫无疑问，新的时代已经来临，人们现在可以使用语音指令、手机控制和联网设备来进行网上购物、在线查找食谱，甚至远程烹饪食物。在不久的将来，电器面板上那些令人挠头的复杂按键、拨号盘和控制装置将统统告别历史舞台，取而代之的是，饥肠辘辘的人只需直接说出"解冻面包圈"或"重新加热比萨"就可以享受到美好的一餐。除此之外，随着内置的边缘人工智能不断进步，这些机器能识别的词汇量和执行能力都将进一步提升。

物联网也在改变智能家居的安全性。门禁摄像头、家用摄像头和联网安全系统可提供远程监控、远程警戒和解除警戒等功能，当系统检测到外力入侵或符合用户预设的事件时，这些系统就会向用户发送提醒或警报。未来，安全系统甚至可能通过智能手机上的永久或临时授权，抑或嵌入身体的微芯片来识别用户，也能使用面部识别和其他传感器来追溯何人何时未经授权就非法闯入。

健康生活展望

 没有什么能比健康和保健领域的进步更能说明物联网的重要性了。耐克健康智能腕带、Fitbit 手环和 Jawbone 健身追踪器正是最早期联网健身设备的经典产品。这些设备可以计算用户走过的步数和距离，并提供有关健身情况的反馈。后来的设备彻底改变了人们的健身方式，并将物联网的应用范围扩展到医疗保健和医学领域。苹果手表可能是当前最先进的联网医疗设备，不仅配备了复杂的行为跟踪器，用来记录用户行走的步数、距离和锻炼情况，还搭载了经美国食品药品监督管理局（FDA）认证的医疗级心电图记录仪。只要在互联网上随便搜索一下，我们就能发现许多患者通过苹果手表检测到自己心律失常，进而检查出可能患有致命性心脏疾病的案例。

 物联网对健康生活的影响极其深远。且不说在诊所或医院做一次心电图的费用大概是一千三百多元，更麻烦的是，要以传统方式做心电图的话，就需要先预约再前往诊所或医院去做这项检查。与之相比，当苹果手表检测到用户心率异常且有潜在的心脏风险时，它会及时提醒用户。虽然苹果手表无法取代常规的心电图检查，但它确实为人们提供了一个过去没有的早期预警系统和更多的拯救生命的机会。

　　然而，联网设备对健康生活的好处远不止于此。苹果手表可以检测到用户跌倒，并自动呼叫紧急救援人员。它还可以监测睡眠质量，测量血氧水平，跟踪月经周期，并在用户暴露于可能损害听力的噪声环境时提醒用户。每年它都会增加新的功能。人们还可以通过智能手机或智能手表上的应用程序轻松添加支持蓝牙的血压计、血糖仪、血氧仪、体温计、体重计等，随时查看自己的健康数据。

　　苹果手表的另一个好处是它能够收集大量匿名用户的健康数据。例如，"苹果研究"这个应用程序就能从数十万参与者中筛选出需要的数据，再将其传送给研究人员。研究人员在严格遵守道德和法律准则的前提下，使用分析和机器学习来探索过去医学研究领域无法企及的模式和趋势。哈佛大学的研究人员进行了一项针对女性月经周期及月经与健康状况之间关系的研究，其中就包括不孕症治疗和更年期延缓等内容。美国心脏协会（American Heart Association）和布列根和妇女医院（Brigham and Women's Hospital）的另一项研究探讨了人们的行为和习惯如何影响心脏健康的议题。世界卫生组织和密歇根大学的研究人员还研究了长时间的噪声暴露以及噪声水平对听力的影响。

　　许多其他联网的医疗保健应用程序也发挥了重要作用。

一款名为 Bloomlife 的应用程序可以帮助孕妇跟踪和记录宫缩的频率、持续时长和不同感受。这些信息会实时传送给用户，让她们了解自己身体的自然节律，这样就能更加及时地发现突发异常，并知道什么时候该去产科就诊。Pilleve 是一款智能药瓶应用程序，当患者感到不适并服用阿片类药物时，它会实时向医护人员发送提醒。这款应用会跟踪患者的服药情况，并提醒医疗保健专家，以便他们在必要时对患者的病情进行干预。

然而，个人健身、医疗保健和医药应用软件的兴起只是迈向更加互联未来的一小步。过去那些动辄花费数百甚至数千美元的医疗设备也正在成为物联网的一部分。相比之下，生活中这些消费类产品的价格比传统医疗设备低廉得多。研究人员还在探索可植入人体的互联微传感器和纳米机器人。这些设备将监测人体器官和组织，判断患者何时需要服药，然后提供最佳剂量，再将详细信息反馈给临床医生。

医学和卫生保健领域正在面临一场物联网革新。人们不再需要每年去看一次医生、做一些体检，也不再需要护士定期给高危患者打电话来了解他们的病情，因为新的传感器可以不眠不休地提供持续的监测和数据。软件和复杂的算法可以分析详细的数据流，及早发现潜在的问题和诱因，这样医护人员就可以采取更主动、更有效的措施。随着新冠疫情加速了视频问诊等远程医疗工具的发展，物联网可以帮助人们解决许多不太严重的问题，而无需再开车去医院。

与此同时，三维打印技术正在重塑牙科治疗和其他医学手段。今天，牙医经常使用三维打印技术来制作牙冠，或是制造夹板、注射器和牙套等医疗设备。在未来几年里，医护人员还将使用三维打印来生产替代组织，比如皮肤和各个内脏。事实上，已有几所大学的研究人员成功实现了所谓的生物打印。例如，维克森林大学医学院（Wake Forest School of Medicine）的维克森林再生医学研究所（Wake Forest Institute for Regenerative Medicine）已经成功设计出了人体替代组织和器官，包括皮肤、尿道、软骨、膀胱、肌肉、肾脏和阴道组织等。一家名为 Organovo Holdings 的公司正在利用三维生物打印技术开发能够替代肝脏和其他器官的人体组织。

互联网金融

如今，人们通过网站或智能手机应用程序就可以完成存款、付账、买卖股票和证券等行为，或是处理其他各种金融业务。这些移动应用程序还允许客户用手机摄像头扫描支票，无需跑去银行或自动取款机就可以将其兑现。从本质上讲，手机已经变成了银行开通给个人的专有支行。此外，基于智能手机应用的数字钱包便于人们在停车计时器上付费，在自动售货机上购买苏打水，或者在商店里购买商品。这些数字钱包也越来越多地与消费忠诚度绑定在一起。当消费者购物时，他们一般会收到商家提供的可用于未来打折消费的信用额度。这有点类似于老式穿孔卡（旧时人们把信息打成一排排的小孔，用以将指令输入计算机等）的数字形式，但现在已经不需要把卡从钱包里拿出来了。

与其他联网技术一样，数字钱包也在不断发展。例如，在俄勒冈州波特兰市，乘坐城市大都会区快线和有轨电车的通勤者，只需在登车区或是火车及有轨电车上的近场支付终端前晃一晃智能手表或手机，就可以购买车票或使用月票乘车。仅需一秒钟，设备会显示一个绿色的确认对号，并发出刷卡成功的提示音。这个名为 Hop Fastpass 的系统可以跟踪乘客的行程，当乘客使用一段时间后，系统会自动给出最优票价，对达到标准的乘客以当日最高折扣计费。纽约地铁系统也采用了同样的近场无线技术。

汽车支付系统也已经联网，驾驶员可以直接利用汽车账户购买食物和支付停车费，而无需使用信用卡或智能手机应用程序。本田 Dream drive 驾驶辅助系统就率先实现了这一点，它能依靠汽车的信息娱乐显示屏来处理加油站、智能停车场和车道取餐的付款。同时，本田还与雪佛龙、Phillips

66[1] 和 GrubHub[2] 展开了合作。通用汽车也开发了一种名为
Marketplace 的车载支付系统，并与壳牌、埃克森美孚、星
巴克和唐恩都乐都有合作项目。捷豹的另一款汽车支持使用
Apple Pay、Android Pay 和 PayPal 系统。现代、宝马、大众和
福特汽车也宣布将开发车内支付技术。

　　物联网有望改变的不仅仅是银行业务和支付方式。例如，
在保险行业，所有来自设备、传感器和系统的更新和数据处理
正在改变传统的商业模式。传统的汽车保险方法依赖于一个综
合模型，该模型只能考虑常见的风险因素和费用。然而，更精
密的数据和按需付费模式改变了这一切。在新的模式下，保险
公司将一台小设备插入车辆的诊断端口并记录其行程信息和驾
驶里程，同时利用蜂窝调制解调器将数据传回保险公司，用户
便可根据自己的行驶距离按公里数支付保险费用。

飞机、火车和汽车加入物联网

　　今天，通过审视越来越多的汽车的方向盘，我们就能看到
汽车的未来。车载导航和电脑系统都与智能手机相连，而智能
手机的功能也越来越多，包括监控油位和胎压、输入地址开启

---

① 　一家多元化的能源制造和物流公司。
② 　美国历史最悠久的大型食品配送公司。

导航等，甚至还能控制车锁。这些系统可以识别语音指令（比如，苹果的 CarPlay 系统就依赖于语音识别工具 Siri 来操作），从而将手机和汽车的功能与互联网融合在一起。苹果还推出了 CarKey，允许 iPhone 用户远程锁车、解锁或启动车辆。

越来越多的车辆还支持移动无线网热点，以及各种将驾驶与计算相结合的功能。其中包括自适应定速巡航、自动刹车、车道偏离警告、影像显示，以及依赖于各种传感器的自动泊车功能等。与此同时，Waze、谷歌地图和苹果地图等导航应用通过传感器和众包技术，改变了人们出门在外的交通方式。

随着汽车上的传感器不断增加，自动驾驶领域的赛道还将继续延伸。谷歌旗下的无人驾驶汽车公司 Waymo，对无人驾驶汽车的研发进行了备受关注的尝试。自 2009 年以来，谷歌已经在公共道路上做了数百万公里的技术测试，并推出了 Waymo One 系列。这是一款自动驾驶汽车，最初在亚利桑那州凤凰城东谷地区投入测试。另一个名为 Waymo Via 的项目旨在重新定义卡车运输业的未来。自 2017 年以来，该系统一直在学习操作大型八级卡车。

这两个系统的核心是谷歌的激光熊蜂巢激光雷达系统。激光雷达系统每秒可发射数百万次光。这项技术可以计算光线从建筑物、灯柱、汽车或人身上反射回来所需的时间，从而推算出距离。谷歌的系统拥有 95 度的垂直视野和 360 度的水平视野。该设备的最小探测范围为零，也就是说它可以探测到距离极近的物体。它同时具有可编程功能，能够适应不同的需求和条件。该设备安装在车辆顶部，可在任何天气条件下不分昼夜地工作。到目前为止，它已经在自动驾驶汽车上进行了超过二百万小时的实际路况测试。

谷歌并不是唯一一家利用摄像头、传感器和物联网来推动自动驾驶汽车技术进步的制造商。特斯拉、雷诺、奥迪、丰田、尼桑、通用、沃尔沃和梅赛德斯－奔驰都在进行无人驾驶汽车的研发和测试。沃尔沃甚至宣布有一款能够在高速公路上全自动驾驶的汽车即将投入量产，这些联网车辆能够识别交通灯和道路标识，并利用传感器、卫星和互联网数据在高速公路和乡间小路上行驶。此外，运用专门的边缘人工智能芯片和cloudlets技术，汽车能够在行驶中学习并适应所处的道路环境和驾驶员的驾驶习惯。如果条件允许，它们还将通过云和物联网与其他车辆共享数据。

最终，自动驾驶汽车也可能在智能道路网络中行驶。这些系统可以缩短车距，从而有效提升现有道路的通行能力。这样就可以让更多车辆使用现有的基础设施，相当于在现有的道路和高速公路上增加了车道，却并不需要花费很大价钱再去重新搞道路建设项目。自动驾驶汽车还能减少车辆剐蹭，提高燃油效率。研究表明，九成以上的碰撞都与人为失误有关。自动驾驶技术的优势还包括支持老年人高龄出行，而且总体燃油效率可提升高达 44%。

未来几年，我们对汽车的认识可能会发生巨大变化。自动驾驶汽车可能会促进共享交通工具的发展，而不再局限于目前的私人产权模式。人们可以通过应用程序预约车辆，它会在几分钟内就带我们自动驾驶到目的地。我们可以把它想象成优步或来福车，但不再需要司机手握方向盘驾驶车辆。当乘客到达目的地之后，汽车就会驶向下一位乘客。

无人驾驶汽车的自动化系统也将解决手动停车的麻烦。乘客可以在机场、餐馆或购物中心的落客区下车，然后汽车便能自动停车，在得到返回指令后再回来接上乘客。停车场里的传感器会提示汽车哪里有空位。现在，许多应用程序已经开始支持在巴尔的摩、波士顿、芝加哥、纽约和密尔沃基等城市的指定地段寻找和预约停车位。波特兰国际机场应用了一个类似系统的简易版本，以帮助司机找到空闲的停车位：当停车位空着的时候，它的上方会出现一个小绿灯，当有车停进去时，指示灯就会变成红色。车道入口处的标识牌能显示出哪些点位是空闲的。未来，我们要将这些信息传输到一个应用程序，并与导航系统和 CarPlay 等信息娱乐系统实现联网共享。

不过，汽车只是互联基础设施的一个组成部分。智能手机应用程序现在能提供地铁和其他公共交通工具的出行信息。人们只要打开应用程序查看一下，就能知道下一趟公交车或火车大致在什么时间到达。这些系统还会在发生严重延误或有轨电车发生故障时发出警报。如果等车时间太长了，那么拿出智能手机，用优步叫一辆车来接你就好了。

购物新时代

互联网彻底改变了人们挑选和购买商品的方式。宣传黄页和商品目录基本上消失了，哪怕是选购汽车或电脑等贵重物品也可以在家里完成，甚至客户服务和售后服务也转移到了网上。虚拟客服和聊天机器人运用人工智能来听取并解答用户提出的问题，并在必要时转接人工服务。

现在消费者大多依靠智能手机或平板电脑上的专用应用程序来购物。这些移动工具从根本上改变了购物的方式，从某种意义上讲，还促使商家和消费者之间的关系趋于平等。手机内置的摄像头可以作为扫码器，消费者可以现场扫码，足不出户实现货比三家。比如说，在实体店扫描一台浓缩咖啡机条形码，就可以看到该产品在本地区其他商店的售价，以及网店里的价格。这种被称为展厅现象[①]的做法从根本上撼动了零售业，并对零售商展示产品、提供信息以及与线上零售商开展定价和

————————————
① 指消费者将实体店仅当作样品展示厅的一种行为。

服务竞争的方式产生了巨大影响。如今，许多商店都会参照亚马逊 Prime 的会员价来为自己的商品标价。消费者只需看一眼手机，核实价格，即可下单购买。

同样，健康饮食（Fooducate）等应用程序可以扫描商品上的条形码，向顾客提供商品的详细信息，比如食品的营养等级评估结果。从本质上讲，智能手机已经成为扫描设备、便携式数据库和膳食营养跟踪器。另一款名为 AnyList 的应用程序通过浏览器从网上导入食谱，生成配料清单，并把每项用料都标记为单独的商品。家庭成员可以共享这份清单，也就是说，每个人都可以添加商品，等到购物的时候，其他人也可以看到这些商品。还有用于评估和跟踪葡萄酒、啤酒和许多其他商品品质的应用程序。其中许多应用程序还覆盖了活跃的社交媒体版块，人们可以在网上分享测评、投诉和评价结果。例如，Vivino 就支持顾客扫描商店中的葡萄酒标签，查看其他消费者的评分和评论。消费者还可以对葡萄酒进行评级，并在应用程序中添加个人收藏。如果你喜欢某种特定的葡萄酒，还可以通过网络在线订购。

毋庸置疑，商户正在努力地进一步弥合现实世界和虚拟世界之间的差距。近几年来，二维码如雨后春笋般蓬勃发展，向人们提供关于食品、家居用品、电子产品和其他物品的详尽信息。与此同时，零售商利用蓝牙定位和地理围栏（用以识别某人何时进入特定区域）来锁定店内顾客的位置。当系统发现顾客在苹果或安卓设备上运行了兼容的应用程序时，它就会及时向顾客的手机推送消息，并根据顾客正在浏览的商品或是在店里停留的时长来向其发送更有针对性的购物建议或促销信息。例如，在意大利面区停留的顾客可能会收到，"当天下单立减一美元"的优惠券。

该技术还可以帮助顾客根据库存来完成商品预订或预付、在手机上显示竞技场、体育场和机场的平面图、购买电子座票，或是在人们到达场馆时提供打折的升舱服务。美鹰傲飞服装、杜安里德药店、梅西百货、西夫韦运动商品店、特易购和沃尔玛等主要零售商都以各种形式应用了这项技术。几支主要的联盟棒球队和NBA的金州勇士队（Golden State Warriors）也使用了定位技术，以便在比赛中更好地与球迷互动。未来，定位技术可能还会被应用到汽车导航系统的广告投放上，并用于在餐馆和其他场所内推送更有针对性的促销活动。

物联网还使得自动化商店的开设成为可能。顾客既不需要排队选购，也不需要到柜台结账。亚马逊的自动结账系统Amazon Go Grocery于2018年在西雅图的一家商铺推出测试版本，之后逐步扩展到美国各地的二十多家商店。2020年，亚马逊将这一概念进行了商业化实践，使用摄像头、货架重量传感器和多种其他技术，允许消费者在进入超市时扫描二维码，选购商品，在店内自行打包后离开。购物完成后，亚马逊会发送商品明细，并从消费者的亚马逊账户中收取费用。利用该技术开发的 Amazon Go 应用程序已经在芝加哥、纽约、旧金山和西雅图的二十多家餐车、售货亭和餐馆里投入使用。

物联网正以各种方式改变零售业的面貌。它简化了购物流程，无需再安排专人检查商品是否还有库存。例如，Amazon Lockers 程序可以让消费者用手机下单，再在方便的时候到指定地点提货。2018 年，耐克在其纽约旗舰店推出了 Speed Shop。该技术支持消费者网上预订商品，然后前往商铺，直接找到对应的储物柜，用智能手机打开柜门取走商品。与此同时，作为 Kroger EDGE 计划的一部分，超市巨头克罗格推出了智能货架和数字价格标签，实时显示商品的价格、促销活动和营养含量等内容。该系统与智能手机的集成使用户可查看各种商品的价格和促销优惠等信息。消费者还可以创建自己的智能购物清单，与店内的数字导览相结合，迅速找到商品的位置。

AR 技术也利用物联网极大地促进了在线零售业发展。它可以利用智能手机上的摄像头和传感器以及 AR 渲染软件，从云数据库中提取产品信息，将其转换为能直观显示的图像。2017年 9 月，宜家推出了首批 AR 应用程序之一。它可以让用户预览卧室或家庭办公室的装修效果图。从那以后，从 Wayfair 这样的家具店到丝芙兰这样的化妆品公司越来越多的零售商都推出了虚拟的"先试后买"应用程序。丝芙兰的化妆品试用软件 Virtual Artist 可以扫描人脸，让顾客看到自己涂了睫毛膏、口红和其他化妆品后的模样。

一家名为 MTailor 的公司进一步推动了虚拟购物的概念。MTailor 应用程序能用智能手机摄像头和传感器来捕捉用户上半身的九个维度尺寸和下半身的七个维度尺寸。该公司声称，这一量体过程的准确率比真正的裁缝还高出两成。它使用机器学习算法，能为男性定制最为合身的衬衫、牛仔裤、运动夹克、裤子和 polo 衫。扫描过程大约需要三十秒，定制的产品大约在四周后送达，一条牛仔裤或斜纹棉布裤子的价格从九十九美元到一百一十九美元不等。

VR 技术也在改变零售业。潜在的旅客可以通过头戴式耳机沉浸式进入应用程序，通过互联网与物联网的连接，在出行之前先模拟欣赏城市、游轮或度假村的外观。结合无人机拍摄的画面，游客就可以得到几乎真实的出行体验，这种优势是传统的宣传册或网页广告难以企及的。例如，汉莎航空公司可提供北京、香港、迈阿密、纽约、旧金山和东京等地的 360 度沉浸式体验；嘉年华邮轮公司则利用 VR 技术展示其船只状况，其用户佩戴三星耳机即可浏览游轮的客舱、甲板和娱乐设施；万丽酒店使用一款安卓应用程序向游客开放酒店的 VR 之旅。

物联网还促进了零售业机器人技术的兴起。在新冠疫情期间，商店和餐馆开始使用送货机器人来减少人与人的接触，以防止病毒的传播。现在有几家机器人研发公司使用了 GPS、传感器和无线技术，可以向家庭或企业配送订单，而不需要人工干预或交互。这些联网机器人使用复杂的计算机视觉和运动传感器，可以识别交通灯、避让行人和汽车，还能避开其他障碍物。

最后，随着销售点终端的消失和全新商业模式的形成，数字技术，尤其是物联网，正在从根本上，甚至是彻底地改变商店的设计和布局。苹果是率先在苹果商店践行这一概念的公司。店员可以脱离柜台，使用移动手持设备在店内任何地方创建订单，顾客则通过电子邮件接收发票。这种方法使零售商拥有更大的店内展示空间。随着智能货架、智能镜子和 AR 技术的出现以及自动结账系统的普及，我们的购物方式还将进一步改变。更重要的是，实体购物和虚拟购物之间的区别将会逐渐弥合。

有消费者就是商业

随着数字技术的成熟和物联网的发展，消费者正在见证社会和世界发生的深刻而持久的变化。智能手机、可穿戴设备、语音助手、智能服装和 VR 等个人设备，每时每刻都在与技术共舞。与此同时，集线器和控制器、家用电器、智能插头、照明系统、恒温器和娱乐设备等家庭物联网设备正在改变我们的家庭生活。毫无疑问，只要是有消费者活跃的地方，商业世界便不甘寂寞。一个高度互联的经济世界正在不断扩展其疆域。

第五章

兴起中的第四次工业革命

新的模式正在形成

消费者并不是物联网的唯一用户。企业正以惊人的速度强化对互联技术和系统的采纳。2019 年普华永道会计师事务所面向一千多名美国企业高管进行了针对物联网的调研，其结果显示，高达 93% 的人认为物联网的优势大于风险，而且其中 70% 的人参与过物联网项目或是正在进行中，59% 的人选择使用物联网来提高企业内部的工作效率。受访者表示，互联的商业世界可以帮助企业打开新的市场，甚至在某种程度上，可以通过新的商业模式彻底改造他们的企业。

物联网及其近亲工业物联网，能提供支持联网设备和数据的基础设施。工业机器与传感器、软件、数据和通信系统的集成实现了自动化和智能系统，从根本上改变农业、工业、能源生产业、医疗保健业和旅游业的运营方式。当这些互联系统得以有效利用时，可以大幅提高生产率和行业效率，同时降低成本并提高安全性。

第四次工业革命是指第四次颠覆性的工业创新浪潮。前几次工业革命经历了机械化、大规模生产、计算机和电子产品的兴起。第四次工业革命这个概念也可以说成是智能工业或智能制造，以及工业4.0。然而，不管怎么描述，工业物联网的大方向都是利用数字技术，如移动网络、智能传感器、机器人和无人机、GPS、3D打印、机器学习、深度学习神经网络、AR、VR和新的计算模型，由物联网将其连接在一起。其目标便是提高系统之间的互联性，提高信息透明度，推动形成完备的自动化决策和分权决策。在某些情况下，高度自动化和高效的供应

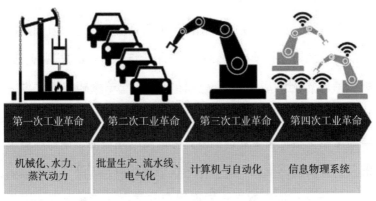

图5-1 物联网正在推动第四次工业革命（IR4）

来源：Christoph Roser，AllAboutLean.com

链也会产生更大的可持续性。世界经济论坛（World Economic Forum）常务董事穆拉特·桑麦兹（Murat Sönmez）评价第四次工业革命的意义时说，无论如何，"我们正在重新定义并重塑人类生活的方方面面"。

这种革命性的技术框架进一步推动了现实世界和虚拟世界的融合，也弥合了人类和机器之间的差距。传感器是工业互联网和第四次工业革命的核心，可以这么说，它们掌握着互联世界的脉搏。数据输入点和联网传感器主要包括地理定位仪和GPS设备、条形码扫描仪、温度计、气压计、湿度计、振动传感器、压力传感器、陀螺仪、磁力计、摄像机、音频和视频监视器、加速度计、运动传感器、红外、雷达、声纳和激光雷达等。正是这些设备和技术共同创造了物理世界中关于运动、动作、行为和空间关系的独特脉动。

但数据采集只是完成了前一半的工作。在传感器收集数据的同时，还需要计算机和分析软件来梳理这一切。使用API将数据导入不同的应用程序、存储设备、云系统和边缘计算组件，这些组件能通过计算机和通信的媒介层推动数据处理，这样通常能更接近需要处理的点，物联网框架便能迅速处理复杂的任务，如数据挖掘、面部识别、机器学习和深度学习等。这种分析程序还能在数据中发现用户的常用模式并识别环境条件。例如，该系统可以判断出一个人的情绪状态，在对方走进商店时根据他的面部表情来推销商品，或者使用热感应和人工智能算法来检测他是否生病、是否需要就医。事实上，在新冠疫情期间，很多办公楼和医院都安装了这类系统，以检测体温异常或疑似感染了病毒的人。

我们的终极目标是在机器中嵌入智能，目前许多机器处理任务的效率已远远高于人类。这些系统正在迅速获得视觉、听觉和触觉，越来越接近真正的人类。当然，其不同之处在于，机器的眼睛是摄像头，通过人工智能系统来识别图像；它们的耳朵是声音传感器，与算法结合运用来识别噪音并理解语音指令；它们的触觉是压力传感器，它帮助机器"感受"环境并对周围的物体做出适当的反应。

智能企业崛起

工业互联网的第一波浪潮主要围绕智能电表、车辆和资产跟踪的技术研发，以及厂房、设施和机器的性能优化。目前，联网企业的概念正在不断扩大。随着数字技术的交织互融，更复杂的第二波物联网正在形成。其中包括数字孪生、高级计算机模拟、虚拟现实、机器学习和深度学习等。无论如何，物联网都在帮助企业结合和重组技术，以创建全新的数字循环。

数字孪生是指在计算机中创建一套与现实世界中的机器或系统几乎一模一样的复制品。这使得设计师、工程师、科学家和其他人能够通过建立模型和模拟，来深入了解机器如何运行，系统何时出现故障，以及复杂场景如何随着时间的推移而发挥作用。佛罗里达理工学院（Florida Institute of Technology）高级制造首席科学家迈克尔·格雷夫斯（Michael Grieves）早在二十年前就提出了这一概念，他说："我们已经达到了可以用数字来表达现实世界中所有信息的程度。"事实上，这一概念已经在农业、工程、医药、制造业、银行、房地产、零售和保险等领域获得了越来越多的关注。数字孪生是推进智能公共事业、智能交通和城市计划日臻完善的核心技术。

在现实中，一般由物联网中的传感器和设备产生，并通过机器学习和人工智能系统驱动的越来越多的数据点正在加速推进数字孪生的复杂功能性。目前，美国航空航天局已在应用这种技术来更好地设计、测试和建造航天器。该机构正在开发一个框架，能够在航天器投产之前，先在虚拟世界中检测其组件或工具是否能有效安全地运行。通用电气（GE）也采纳了这一理念。它所运营的数字蒸汽涡轮机和数字风力发电场，正是对应所有有形资产的精确数字化表现。通用电气预测，通过数字孪生技术，该公司的产量可以提高两成。

随着数字技术的交织互融，更复杂的第二波物联网正在形成。其中包括数字孪生、高级计算机模拟、虚拟现实、机器学习和深度学习等。

增强现实（AR）、虚拟现实（VR）和混合现实（MR）技术也在商业领域崭露头角。现在，建筑师和工程师在建造建筑之前，都会使用 VR 技术来创建三维空间，如此就能在施工开始前先检阅一下设计效果；然后，通过 MR 眼镜，比如微软的 HoloLens 全息眼镜，看到建筑物、船只或太空飞船的内部结构图和相关参数。这项技术还使得我们可以跟踪项目进度，检查施工状态，验收施工质量，及时发现问题，防患于未然。波音公司、福特汽车和许多其他企业现在都在使用 VR 和 AR 技术来组织培训，或是完成装配辅助、机械维护、质量把控和其他任务。这些技术也在旅游业、房地产业以及执法和军事等其他领域生根发芽。

另一项物联网技术是机器人技术，比如配备传感器的空中无人机和水下无人机。在过去十年里，自动驾驶系统取得了突飞猛进的发展。虽然这在很大程度上要归功于更好的微处理器和传感器，但与云端和其他数据源实现互联的能力也是推动游戏规则改变的一大因素。该技术引入了实时定位和远程视频等功能。无人机彻底改变了电影和纪录片的拍摄方式，也改变了铺设电缆等水下工程的操作方式。亚马逊、联合包裹（UPS）和联邦快递（FedEx）等公司也正在尝试使用无人机运送包裹，并在未来的某一天将其作为常规投递方式。

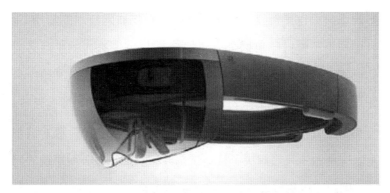

图 5-2 微软 HoloLens 全息眼镜可以提供物联网驱动的增强现实效果
来源：微软

　　在新冠疫情期间，联网机器人的价值变得更加凸显。机器人可以提供并改善医疗护理服务，同时降低医务人员的感染风险。当时，武汉方舱医院就启用了十四个人形机器人，在隔离病房协助医生治疗病人，还负责为其运送食物。丹麦 UVD 机器人公司推出了一款机器人，它可以在医疗区域或其他空间内移动，同时使用自动紫外线消毒系统对环境进行消毒。医护人员随时可以监控机器人去过哪里，现在哪里，以及还有哪些区域等待消毒。

　　工业三维打印也是不容忽视的新趋势。企业可以使用增材制造工艺生产出越来越多的零部件，不仅包括飞机、车辆、建筑物和工业产品的部件，也包括机器模具、压铸件和其他工具。在许多情况下，运用三维打印技术生产这些物品要比传统方法更快捷也更便宜。更重要的是，在物联网技术的加持下，人们利用三维打印包括个人防护装备（PPE）在内的生活必需品也成为可能。例如，在新冠疫情出现后，许多医院和诊所只要从开源网站下载脚本，就能打印出口罩、面罩和其他设备。一些公司还利用三维打印技术生产检测新型冠状病毒的试剂盒。这种做法有效解决了检测试剂盒和防护装备长期短缺的问题，同时可以更好地保护医护人员的安全。

显而易见，物联网是制造行业中具有高度颠覆性的一股力量。它可以以全新的、有时甚至是颠覆性的方式将多种数字技术融合在一起。当第四次工业革命和工业物联网发挥理想作用时，就会涌现出一系列令人震惊的智能设备和系统。比如，炼油厂可以持续监控储油罐和地下管道内部的情况，酒店可以监督哪些托盘被落在了走廊上或是哪位厨师上完厕所后没有洗手。还比如，建筑工人头戴的智能安全帽可以监测其心跳是否过快，运输工人穿的联网安全背心可以在开车速度太快时发出提醒。这些系统以我们过去无法想象的方式扩展了人类的感受和认知。

物联网数据发挥作用

归根到底，物联网和工业互联网都是玩转数据并从中提取价值的技术。今天，由于普适计算和无处不在的网络，各种数据能够实时地传输到地球的每个角落。越来越多的设备，包括台式电脑、笔记本电脑、平板电脑和智能手机，成了收集、共享和访问快速增长的物联网数据的渠道。当然，不论是医院里的胰岛素泵还是家里的照明系统，这些联网设备最终都要借助数据来运行，或者为其决策提供反馈依据。

数据科学家创造了完全信息价值[①]（value of perfect information）这个术语，它代表着以一种富有洞察力的方式调整数据点、收集和分析数据的能力。在物联网环境中，这一点至关重要，因为物联网本身无法保证其数据的准确、完整，并且具备最终价值。这一目标充满了挑战性，因为要收集一套完整的数据并构建出能以理想方式考量所有变量的算法谈何容易。打比方说，想准确预测天气就要依赖极尽详细、精确的数据收集，并将相关数据导入模型，再通过复杂的算法提炼出数据中隐含的气象信息。但是大气、海洋以及影响天气的其他因素通常是非常繁杂的，因此我们不可能实现完全准确的预测。

至少就目前而言，任何复杂领域，无论是天气、农业、制造业、医疗保健、交通运输还是股票市场，都存在太多的变量和限制，以至于我们无法毫无偏差地勾勒出事物的全貌。因

---

① 完全信息价值是针对一个随机事件，拥有此随机事件的完全信息时的最大期望值。

归根到底，物联网和工业互联网都是玩转数据并从中提取价值的技术。今天，由于普适计算和无处不在的网络，各种数据能够实时地传输到地球的每个角落。

此，数据科学家关注的不是建立完美的模型，而是使用数据和分析来建立尽可能完善的模型。就预测分析来说，其目的是在事件发生之前就预测或掌控事件。例如，银行可以通过分析来知晓客户是否有意愿购买另一家金融机构的产品，或者客户可能在何时购买新车，尽管真正的购买行为尚未发生。预测分析还可以帮助公司了解机器部件可能出现哪些故障，或者消费者可能会在商店购买哪类产品。

来自联网设备和对象的数据流正呈指数级增长。现在，从一架波音787飞机上就可以收集到40TB甚至更多的数据，这是一个前所未有的数据分析规模。所有这些数据都可以进行解析和分析，以显示发动机性能和飞机运行的各方面状况。尽管分析数据的任务量巨大，但是一考虑到飞机价值一千六百万美元的喷气发动机，这个任务量就显得微不足道了。更重要的是，一次跨大西洋飞行可能会消耗超过三万六千加仑燃油，这一花费也超过五万美元。

制造商同样也在关注这个问题。世界上最大的喷气发动机设计公司和制造商劳斯莱斯（Rolls Royce）开发了一种预测性维护系统，该系统可以在飞行过程中动态扫描发动机性能，下载黑匣子数据和飞行计划，并结合第三方天气数据进行分析。计算机可以实时处理包括来自发动机和其他部件的特定数据在内的所有数据，并准确提示发动机何时需要哪种特定类型的维护。此外，航空公司还可以更好地控制飞行计划、设备维护、天气和燃料对发动机整体性能和燃油效率的影响。

可以肯定的是，数据集已经成为一种具有价值的经济资产。事实上，根据高德纳咨询公司[①]（Gartner）预测，未来信息资产和数据将出现在企业的资产负债表上。数据作为货币形式出现可能会影响股票估值和并购活动等。毫不意外地，全球前十大公司中有一半都是基于数据平台运营的，包括亚马逊、谷歌、脸书和阿里巴巴等。依靠分析软件和机器学习来分析大量数据的能力可以帮助企业发现质量短板或服务差距，还能削减运营成本，从根本上改变企业对机器投资和人员投资的看法。

所有这些是如何在商业和物联网前沿发挥作用的？随着人类将一切与生活息息相关的东西数字化，数据的流量和交互的复杂性都将会飙升。国际数据公司 IDC 预测道，"万象数据库"（datasphere）的数据总量将从 2018 年的 33ZB 增长到 2025 年的 175ZB。其中一半的数据量将存储在公共云上。不仅如此，使用网络的每个用户每 18 秒就至少会进行一次数据交互。同一份报告还指出，这意味着平均每人每天将与联网设备互动近

[①] 成立于 1979 年，总部设在美国康涅狄克州斯坦福。其研究范围覆盖全部 IT 产业，就 IT 的研究、发展、评估、应用、市场等领域，为客户提供客观、公正的论证报告及市场调研报告。

四千八百次。

高效利用这些数据的能力将对各种形式和规模的企业产生深远的影响。对于大型全球性航空公司来说，哪怕是燃料消耗只降低 1%，或者系统效率低下的资本支出有小幅度的改善，也能节省数亿美元的成本。事实上，航空公司已经使用了物联网系统，每年可减少数十亿美元的燃料支出。通过更好地掌握天气情况及设备的机械状况和负载因素，公司就可以让飞机在最佳高度和最优线路上飞行。纵观消费品、能源和其他行业，目前的情况也大同小异。

随着企业学会如何运用物联网产生的数据，实时决策正在成为商业发展的黄金风向标。设备网络之间的相互作用（有时设备或数据点的数量能达到数十万甚至数百万）可能会产生非凡的效果。无处不在的连接、低成本的传感器和易于设置的微电子技术的互相结合使得现在几乎所有东西都可以连接到互联网上。仿佛就在一夜之间，连牛奶盒、道路、桥梁、自行车、树木、管道和电力系统等都变成了新的数据点。

GPS 应用

开发高效物联网系统的另一个关键因素是能在任何给定时刻确定物体、设备甚至奶牛的位置。在第四次工业革命中，实时定位系统对于管理生产和信息流来说至关重要。目前主要有以下几种支持位置分析和人工智能系统的不同跟踪工具和技术。

设备跟踪　基于卫星定位和蜂窝技术的设备跟踪导航系统。当卡车、轮船、火车和飞机从一个地方到另一个地方去时，这些设备有时单独使用，有时多台配合，被广泛地应用于追踪它们的行程。

车队跟踪　这些系统通常通过在每辆车上放置卫星定位设备，以实时跟踪所有车辆，使物流和运输公司能够及时优化路线，分析驾驶效率，监控车辆的速度和位置，更好地关注燃料情况并维持成本。该技术还可以在紧急情况下帮助定位车辆。

库存和资产跟踪技术　射频识别技术能帮助企业识别实物资产并通过供应链跟踪它们的状态。在过去，零售商在集装箱上使用跟踪系统来确定货物在运输途中的具体位置。如今，很多公司都在使用射频识别来追踪物品。依托这项技术，企业得以建立起更强大的库存系统，并引入全新的特性和功能，比如随时识别货物的位置或判断运输中的食品是否变质。

人员跟踪和身份验证　使用支持射频识别技术的徽章、带有卫星定位和位置感知功能的智能手机应用程序以及其他工具便可以跟踪一个人的位置。该技术广泛应用于安全设施和实验室门禁系统，也包括有严格授权限制或访问控制的政府办公区域和军事基地等。

医院和医疗设施是应用实时定位系统并在物联网中推动该系统发挥作用的最佳案例。现在，不管是输液泵还是拐杖，医疗中心的各种资产都被贴上标签，以便定位它们的位置。不仅如此，医护人员还可以了解到与设备相关的性能数据。这种方法不仅节省了大量寻找设备的时间，还有助于确保设备处于正常工作状态，并让医护人员知道该设备是否需要维护或进行软件更新。一些机构还会给病人和临床医生贴上标签，以便更好地了解病患在哪里消磨时间、在医院里做了些什么，以及在房间里等待多久才会有临床医生过来查房。这些时间、运动跟踪系统有时也面对争议，但如果能利用机器学习对其进行合理分析的话，的确可以准确判断护士站或医疗用品设置在哪里才最为合适。

苹果公司的 iBeacon[①] 使用蓝牙低功耗（BLE）技术带来了更加强大的功能，从而改变了人们购物、欣赏音乐会和在体育赛事中为心仪球队加油的方式。通过跟踪一个人逛商店或去体育场看比赛的路线，即可确定对方何时在何地逗留，也可以向其推介可能感兴趣的东西（如纪念品或食物）。由此一来，商家就能提供更有针对性的信息或促销服务。从成千上万购物者

---

① 苹果公司于 2013 年 9 月发布的一种基于低功耗蓝牙的通信协议，是一个低功耗的蓝牙信标。

那里收集的汇总数据还可以提供更好的设计思路，来帮助店铺优化货架摆放顺序和产品布局，以提升销售额。在数据科学家的指导下，分析软件还能敏锐地捕捉到人们未曾留意到的趋势和关系。

增强态势感知能力

另一种使用传感器的方法是将它们嵌入现实环境中，包括道路、建筑物、土壤、植物和海洋等。当成百上千个传感器相互连接时，我们就能够得到更高分辨率的数据结果，并以更详细的方式了解它们之间的关系和模式。比方说，在城市中，智能交通网络系统能以最佳效率来疏导交通，同时调节交通灯变换时长以实现最大车辆通过量。这不仅能加快交通速度，还能随时让更多的车辆共享道路。

在农业和天气预报等众多领域，态势感知也大有裨益。如今，利用嵌入机械和田地中的传感器，农民就能更精确、更环保地施化肥和打农药。传感器能够监测农田的湿度水平，并根据土壤湿度和天气预报自动开启灌溉系统。有几家公司还推出了能测量光照、土壤湿度、土壤张力、酸碱度和理想施肥模式的系统。这些技术还从精准农业延伸到了动物饲养领域。牛、猪和其他牲畜也开始被接入网络。物联网应用程序可以跟踪动物的位置，并检测它们是否生病或是否需要药物治疗。更有甚者，一家公司研发了一种跟踪怀孕奶牛的设备，一旦奶牛的羊水破了，系统就会发出通知。

物联网正在把其他低技术含量的流程转变为高科技手段，不管是废水处理还是垃圾回收都在其覆盖范围之内。无论如何，附加传感器和众包技术都为更精确地查看数据和了解事件提供了新的机会。例如，通过把温度、降水、湿度和其他天气数据与过去的销售数据相结合，就能对消费者的历史购买模式了然于心。有了合适的数据和数据点，就有可能生成更为精准的销售和消费模型。以冰激凌店为例，这意味着店铺可以根据顾客的季节偏好来更换口味，甚至在一周的不同日子里调整存货量。它还可以在人们最有可能光顾商店购买蛋卷的时候，向他们推送最划算的优惠券。

从联网基础设施中获得的数据可以扩展到公共安全领域。有了联网的桥梁、隧道和道路，我们就有可能及时了解其内部结构是否出现故障，并在事态严重之前采取行动。这种方法还可以用于更准确地判断风险高低或是确定急需修复的优先级。利用合适的软件和显示仪表，城市管理者和工程师就可以查看整个基础设施的全部数据和部件状况。换句话说，管理机构可以依据结构参数而不是主观判断和政治意图来做出关于对现实世界进行修复及其风险和成本权衡的决定。

基于传感器的决策分析

物联网还支持更远程、更复杂的规划和决策，这对商业世界的意义非同小可。有了足够的计算能力、合适的传感器和足够的存储设备，企业和政府机构就可以将数据收集量提高一个量级。例如，放置在地壳中的广阔传感器网络为钻探公司提供了全新的观察方法和精度标准，同时也有助于地震探测。一个名为地震警报（ShakeAlert）的系统可以通过传感器网络来检测地震活动，当检测到强烈的地壳运动时，它会使用无线紧急警报（Wireless Emergency Alerts，WEA）系统和智能手机应用程序向美国西海岸发出实时警报。该系统非常智能，能够过滤掉卡车、飞机甚至远距离之外的地震等虚假警报。它可以发出长达十秒的警告，这足以让人们寻找掩体并关闭工业系统。

物联网的功能正在不断发展，尤其是当它与第四次工业革命中的其他数字工具相结合时，便呈现出更加迅猛的势头。在意大利，极富传奇色彩的汽车制造商兰博基尼专门为其运动型多用途车乌鲁斯（Urus）建造了一座智能工厂。在建造工厂之前，兰博基尼研究了客户、生产流程和一系列其他因素，最终决定采用前所未有的模块化设计系统，而且配备了数字传感器和机器人。该工厂利用机器人技术和 M2M 协作技术，与兰博基尼的高技能生产工人相结合，将虚拟和现实完美融合在一起。每辆车都能借助自动导引运输车系统（AGVs）沿着生产车间行驶，自动运送到匹配的工作区。在车间的任何地方，都能完成实时电子监控、数据收集和状态报告等工作。工人们还能使用平板电脑在现场或远程控制生产的各个环节。该系统完全消除了纸质文件，从而提升了生产速度。

其他公司则运用数据来解决其他问题。通过汇总数据，零售商可以更好地了解消费者的购买习惯；制造商可以掌握设备运行情况；医疗保健公司可以更精确地预测患者的病情进展，这些便利之处已经改变了各行各业的状况。摄像机、视频、音频、运动数据和其他输入源带来了全新升级的算法、模拟和建模方法，同时也支持模拟和数字孪生技术的应用。一旦环境和人员配备了传感器，企业就能够将数据从定时截取转换为动态图像，从而随时随地调适和更改。

有时，净效应①（net effect）可以产生深远的影响。基于传感器的决策分析能提供关于事件或情况的即时反馈，也能提供更加深入的实时应用和消费模式。这反过来又为构建收费模型创造了条件，因为这种模式可以根据需求或其他因素的增减而进行动态调整。现在，航空公司、酒店，甚至一些零售商都在使用由物联网数据推动的动态模型来实现对库存和储备的科

①　指项目对经济的有效影响。

学管理。

人工智能驱动自动化和控制进步

第四次工业革命的另一个关键要素是构建使用机器智能（有些人更喜欢将其称为人工智能）来实现流程和决策自动化。将人类从重复任务中解放出来的能力提升了工作的速度和效率，从而从根本上重新定义了商业、教育和政府的运行模式。其中就包括机器学习，这是人工智能的一个子集，可以让计算机在没有明确编程的情况下自动筛选数据并调整算法。机器学习对于那些涉及众多变量但没有明确规则的任务来说是非常理想的。它的近亲，即深度学习，则是使用人工神经网络来模拟人类大脑的思维方式，在计算机视觉、自然语言处理、音频识别和社交网络过滤等领域尤其适用。

机器学习和深度学习在机器人技术中尤为重要。在过去的几十年里，机器人已经接管了生产流水线乃至整个制造业。机器人可以完成铆接、喷涂和焊接等各种具有挑战性的工作，即使这些任务是机械重复或者充满危险的，对它们来说全是小菜一碟。机器人也进入了医疗领域，在新冠疫情期间，它们帮人类处理大到手术、小到照顾隔离病房患者之类的所有事情。而且，随着这些系统获得包括视觉和触觉在内的更强感知能力和更高阶人工智能，它们通常能够进行自主操作。在工业领域，机器人物联网同样势头强劲。智能设备可以监控事件进展，将自己的传感器数据与外部设备和系统以及数据库的数据相结合，再运用人工智能来分析决策。它们还能使用边缘人工智能来自主计算，并在需要做出下一步决策的时候登录云端或边缘数据库。

先进的机器人技术和机器智能正在帮助人们摆脱制造业和重体力劳动的束缚。从采矿、窗户清洗到道路维修甚至战争领域，机器人正在发挥越来越重要的作用。不仅如此，机器智能的深度发展可能会促使机器人不断分析自身性能，并学会纠正自己和其他机器乃至人类的错误。随着传感器网络将数据波传送给计算机进行分析，算法和软件更加善于在实际环境中理解和处理数据，全新的、有时甚至是惊人的自动化和智能水平也将由此产生。工业系统或机器人还有可能自动调整工具和机械的使用方式、化学品成分的混合方式、公司管理或维护喷气发动机引擎的方式，甚至是人们操作制造业机器人的方式。

此外，庞大的传感器网络可以提供有关变量的即时反馈。这对于管理有限或稀缺的资源（如能源或水资源）特别有价值。如今，智能电表可以跟踪并显示实时电力消耗，同时它也是查看可变费率和利用非峰值定价的工具。连接到大型办公区域和工厂空调机组的智能恒温器可以根据室内外的温度决定何时打开和关闭系统，以及如何以最佳方式实现内外空气流通。有些智能恒温器甚至还能吸收自身服务器所产生的热量。智能电网可以帮助房主、企业、消耗大量电力的大型数据中心利用复杂的算法来优化电力使用率，从而节约能源、削减成本。

　　人工智能和物联网的结合还能快速、实时地感知不可预测的条件，并由自动化系统做出即时响应。如今的汽车和飞机防撞系统不仅能发出声音警报，还能在某些紧急情况下自行采取纠正措施，完美地体现了人工智能的优势和价值。这些系统可以感知靠近得太快或是离得太近的物体，并自动刹车或转向以避免碰撞。未来，这些功能将使机器人和无人机在操作时变得更加智能。它们将根据环境和当地条件进行学习，并通过物联网与其他机器分享它们的"智慧"。

　　在未来几年，人类可能需要更先进的，或是不同形式的人工智能，来解决物联网中更复杂、更需要优化的系统。计算机科学先驱和未来学家雷·库兹韦尔[①]（Ray Kurzweil）预测道，到2045年，机器智能将与人类一起达到"奇点"。如今，许多互联系统都依赖一种基础的人工智能来实现流程自动化。然而，更加先进的决策能力即将诞生，比如区块链系统和有助于管理工具和连接点复杂生态的系统。未来的人工智能系统还将

———————

① 奇点大学创始人兼校长，谷歌技术总监，毕业于麻省理工大学计算机专业，曾获九项名誉博士学位和两次总统荣誉奖。

比当前框架（如谷歌的 TensorFlow、微软的 Cognitive Toolkit 和 Apache MXNet）具备更高级的特性和功能。

网络的发展

工业物联网的核心是在确切的时间将数据准确地传送到指定的位置。随着物联网设备变得越来越复杂，需要做出的决策越来越多，仅利用云端传输数据远远不够。云连接带来的延迟严重破坏了边缘人工智能的性能。依赖于语音处理、图像处理和其他计算的系统往往禁不起几十毫秒或更长时间的等待。在某些情况下，低于一定标准的响应速度可能引发致命的后果。想象一下，如果一辆自动驾驶汽车无法判断道路上的物体到底是一个像人的纸板，还是一个真人，那就容易引发交通事故。这不是一个抽象的问题，缺乏超低延迟的无线连接一直是阻碍自动驾驶汽车开发和推广的因素。

边缘网络和雾网络提高了设备的计算能力，可以帮助其将性能提高到第四次工业革命中联网企业所需的计算水平。雾网络通过类似于网格的方式将物联网设备和数据点连接到一起，再利用物联网网关或雾节点来推动数据处理。借助边缘存储设备，该节点通常可以同时连接多个物联网设备和数据点。该框架的理想之处在于，可以随时随地在网络上处理数据。

虽然边缘网络和雾网络都超越了星形拓扑（hub-and-spoke approach）方法，但它们在拓扑结构上存在着关键差异。从本质上讲，边缘网络依赖于边缘机器和云之间的一对一连接，而雾网络则依赖于多种方法和工具，具体取决于物联网的特定需求以及设备使用的协议。在雾网络中，计算沿着从云到物的一系列系统和设备进行。在某些情况下，雾网络可能使用与雾基础设施相结合的较小规模的云。它还可以跨越横向领域，将触角伸向工业和垂直行业及领域。该网络可能包含从多协议标签交换①（MPLS）和SD-wan②到云服务和第五代网络通信技术。

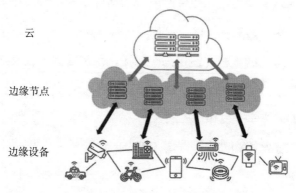

图 5-3　边缘计算使处理和存储更接近物联网设备

来源：阿里云

---

① 它是一种在开放的通信网上利用标签引导数据高速、高效传输的新技术。
② 一种应用于WAN传输连接的基于软件的网络应用。

商业云服务商也在积极开发更便捷、响应更快的框架。亚马逊云科技（Amazon Web Services）、微软云技术服务（Microsoft Azure）和其他公司已经相继推出了将性能提高到大约五毫秒的网络产品和服务。随着优化边缘网络和雾网络的芯片出现，辅以算法的进步，我们就能充分利用更快的技术框架，大规模提升系统性能。此外，节能芯片（如按需唤醒系统）的出现意味着企业无需经常更换电池或芯片。这将有力助推现有系统性能得到改善，也为物联网技术提供了新的功能，其中不乏一些过去难以想象或未曾发明的产品和技术。

我们还需要能够监控物联网业务框架的系统来将这些环节串联在一起。这通常包括能提供更深层次可见性和更强大系统控制的聚合应用程序网络，以及实施远程监控和管理（RMM）的解决方案。这些系统可以管理一众传感器、移动设备、售货亭、标牌、POS终端、视频监控摄像头、智能照明、联网锁具，以及许多其他设备和系统。RMM还能帮助我们监控诊断数据和管理安全功能。它们能与智能建筑、工厂和零售系统中的物联网设备建立实时、端到端的加密连接，还能将云和边缘网络或雾网络连接到数十万甚至数百万台联网设备上。

研究人员正在尝试进一步推动无处不在的数据可用性概念。例如，德国马格德堡大学的研究人员正在研究如何开发服务的自组织迁移。这个概念依赖于对基本网络设计的重新思考。该项目被称为有机分解物联网进程动态监管（DoRIoT），即使用本地服务器基础设施来提取数据并保持对数据的完全主权。这种方法的优点是，它允许用户独立于谷歌、微软或亚马逊等外部云服务商之外来进行操作。这意味着网络环境不会因为外部服务商的改变而发生变化或无法使用。由此一来，智能设备无需借助云计算服务就可以相互操作。这种模式被称为级边凸包构造法（extreme edge），可以赋予物联网网络更高的容错性和自主性。

第四次工业革命兴起

随着越来越多的工业机器和部件成为物联网的一部分，建筑、运输系统和工厂的性质、设计和运作方式都发生了重大变化。这些工业机器和部件既包括锅炉等大规模传统系统，也包括供暖、通风和空调（即暖通空调）及火车和轮船发动机与电气系统等。嵌入式传感器和持续连接可以帮助我们监控市场运行、轮胎磨损和屋顶漏水的情况。更重要的是，随着机器人技术和纳米技术与物联网的交叉，诞生了更加卓越的新产品和新功能，比如可以执行复杂施工和拆除任务的联网自主机器人，以及可以在现实系统真正发生故障之前就做出预判的数字孪生。

工业互联网和更广泛的物联网为众多系统提供了更广阔的舞台。它们还可以自动执行许多任务。互联技术的优势已经有目共睹。在企业供应链中，传感器能及时反馈有关货物的状况和位置。端到端监控开拓了一种完全不同的数字业务类型，不仅更加方便灵活，成本效益更高，还能更快地创新和开发产品，推动产品更加个性化，优化材料和组件来源，将产品更高效地投入市场，并提供更高水平的客户服务和支持。

物联网还支持新的定价模式。例如，在航空业，喷气发动机制造商现在垄断着其产品所有权，并根据推力测算出发动机的实际使用情况，以此向航空公司收费。在许多城市，共享摩托车、共享自行车和共享汽车都是按照实际使用量计费的。用户可以用信用卡（包括智能手表或智能手机数字钱包中的信用卡）进行身份验证，然后使用该设备，如果需要，完全可以在驾驶之后把它留在城市的另一边。例如，汽车服务商 Zipcar[①]就会引导智能手机用户找到距离最近的车辆。用户可以通过射频识别应答器启动汽车，车内的黑匣子再通过无线链路将数据传回服务器（为了保护用户隐私，该公司不会跟踪客户的位置）。该车还配备了一套安全锁，以防车辆丢失或被盗。

对于商界巨头来说，这些技术意味着什么？从 IT 的角度来看，企业必须专注于研发高度敏捷和灵活的实时基础设施，

---

① 美国的分时租赁互联网汽车共享平台。

充分利用云和边缘模型、API、物联网、移动技术、开源代码和组件、DevOps 以及 Hadoop[1] 生态系统等数据框架。一些专家将这个美丽的新世界称为"架构套利",这个概念要求企业采用围绕云、开源组件、代码库和 API 技术构建的模块化框架。有了灵活的 IT 框架,就可以迅速利用物联网和新兴技术来改变发展方向,而无需投入大量人力、物力、财力和时间成本。

物联网的影响还体现在其他方面。智能电表改变了企业和消费者的生活和工作方式,并开创了管理能源生产和消费的新模式。智慧城市模型带来了过去不可能实现的优质高效。例如,自动分类垃圾桶已经在西班牙巴塞罗那和英国伦敦被投入使用,它可以优化垃圾收集,同时降低城市和居民的垃圾管理成本。还有一些系统可以根据传感器从周围采集到的信息,妥善处理小到除雪、大到桥梁维护的一切城市事务。

显然,不管是对企业还是政府来说,第四次工业革命都是一次巨大的飞跃。端对端连接是建设新型政府和新型企业的基础。当机器相互交流以及与人类沟通时,就能将事物提升到一个完全不同的层次——业务框架可以生成更快、更好的决策和更高阶的自动化;数字化企业得以更快地响应市场动态,更好地孵化和创新产品和服务,提升新的特性和功能,最重要的

---

[1] 一个由 Apache 基金会所开发的分布式系统基础架构。用户可以在不了解分布式底层细节的情况下,开发分布式程序。

是，为客户提供更大的价值。

当然，所有的潜在收益都伴随着一定的代价。物联网和第四次工业革命也不例外，因为它们无法保证所有人都从中受益。为了充分挖掘物联网的潜力，企业必须学习如何整合系统、设备和数据，并在规避安全风险和隐私问题的前提下使用好这些资源。企业还将面对越来越多旨在管理数据、设备和隐私的政府法规，在某些情况下，还要解决与物联网技术相关的道德和伦理问题。换句话说，要想在第四次工业革命的浪潮中取得成功，需要的不仅仅是简单地将技术应用于解决问题的实践，还要探寻物联网更加广泛的影响和后果，也不免会涉及法律、道德和其他问题。

第六章

物联网的现实与影响

未来已至

科技史既是逐渐把乐观的乌托邦变成更幸福、更健康、更闲适的现实世界的过程，也是人们对未来生活的畅想史。然而，随着一波又一波新技术的诞生，许多变化也悄然而至。这些变化中有些是积极的，有些是消极的，还有许多是始料未及的。我们几乎无法预测某种特定的技术会把社会生活推向何方，也难以预测这种技术将在与其他技术、社会系统和各种因素的相互作用中产生何种结果。

物联网也不例外。联网设备和系统带来了毋庸置疑的好处，比如更高阶的自动化和更灵活的便利性，在某些情况下，还能显著控制成本并提高收益率。物联网还提供了更多物美价廉的产品和服务，同时也提高了安全性，拓展了人类的认知范科技史既是逐渐把乐观的乌托邦变成更幸福、更健康、更休闲的现实世界的过程，也是人们对未来生活的畅想史。然而，随着一波又一波新技术的诞生，许多变化也悄然而至。这些变化中有些是积极的，有些是消极的，还有许多是始料未及的。

围。例如，如果制造商在食品包装、服装、家用电器和医疗设备等普通物品上安装了传感器，就会带来与过去截然不同的现实结果：购物变得方便多了。制造商还能迅速发现产品的缺陷和问题，进而高效地召回产品。

但是，如果黑客入侵了智能电网，导致电力系统失控，会出现什么情况？如果恐怖分子利用黑客技术劫持了自动驾驶汽车或导致整个交通网络瘫痪，又会引发什么后果？如果网络犯罪分子重新编辑物联网传感器程序，导致所提供的数据统统失准，会发生什么变故？如果由于错误或故障，从传感器传入的数据流不清晰，引起系统运行异常，我们要如何应对？即使是数据质量的微小变化也可能产生偏差的结果。例如，若是研究人员将这些异常数据应用于医学实践，患者就可能遭受巨大的健康乃至生命损失。同样，如果企业或政府机构依据失准或无效的数据制定决策，就有可能出现各种问题，甚至造成毁灭性的后果。

显然，物联网既可以用于好的方面，也不能排除有人将其用于不好的方面。犯罪分子和恐怖分子可以使用商用无人机进行间谍活动、发动恐怖袭击。黑客侵入家用摄像机程序，偷窥个人或家庭的行为活动，这不仅会带来个人隐私曝光的风险，还可能造成重大机密信息泄露。突然之间，放在厨房台面或桌子上的文件都不再安全了。网络犯罪分子可能利用这些把柄进行敲诈，如果不支付赎金，那些被拍到私密照的人将面临隐私公之于众的威胁。

更重要的是，随着物联网和第四次工业革命成为当今发展主流，我们必然会遇到一些网络黑客利用数据加密和系统锁定的勒索软件犯罪。这种情况发生时，受害人的智能手表、电脑甚至整个工厂都可能陷入系统瘫痪状态，除非向黑客支付大笔款项，否则就无法复原。这些威胁并不是预言，现在就已经发生了。2020 年 6 月，由于受到勒索软件攻击，本田汽车在美国和土耳其的汽车工厂、印度和南美的摩托车工厂被迫停业。2019 年，挪威铝业制造商海德鲁（Norsk Hydro）也遭受过一次攻击，迫使其将一些自动操作系统切换为手动模式。后来该公司的统计报告称，此次事件造成的总损失估计超过四千万美元。

与此同时，如果政府禁止用户访问物联网框架或关闭互联组件，会怎么样呢？这会导致数据和信息流突然发生变化，或者干脆变得不可用。独立监督组织"自由之家"（Freedom House）2018 年的一份报告指出，全球互联网自由度正在加速下降。报告还称，自 2012 年以来，支持完全自由互联网的国家比例也从 30% 下降到 23%。早在该报告发布的前一年，已有十八个国家加强了对互联网的监测。随着互联网和物联网相互交织，潜在的风险和危机也随之增多。

物联网至少带来了围绕自由、安全、隐私以及如何适应数字生活等方面的新问题和新挑战。它引发了社会成员之间新的争论点、新的问题和新的争端，同时提出了关于数字化富人和数字化穷人的深层次问题。因此，物联网正在促使立法者和政府对数字互动进行反复、深入的审查，国家和地方层面都在实施新的法律法规，来界定该如何存储、传输、使用和保留数据。

发挥人为因素作用

所有技术都面临的最大的挑战就是如何设计出高度可靠、高度安全的系统。虽然技术可以规避判断不准、决策失误和操作疏忽等人为因素引发的风险，但它也带来了新的危险，还可能使小事故或小故障演化为大规模灾难。比如，2015年亚航QZ8501航班坠毁，机上一百六十二人全部遇难。官方调查结果显示，正是计算机故障和人为失误共同导致了这起惨剧。新闻报道称，这架空客A320飞机的电脑控制器出现故障，导致系统反复运行异常。在这次飞行中，计算机共出现了四次严重错误。就在飞行员试图解除纷杂的警报、提示和警告时，飞机在空中翻滚了几圈，随后坠入爪哇海。

马来西亚政府的官方报告中对此次空难所下的结论是，飞机正常飞行过程中，方向舵故障警报突然响起，机长为了解除该警报，拉动了断路器，导致飞行电脑重启。这一操作违反了飞机操作手册上的要求。一瞬间，机组失去了对飞机的控制，飞机开始以每分钟六公里的速度坠落。报告称，当飞机进入长时间失速状态时，机组只需遵循日常训练的操作方法，便能迅速重新掌握局面。遗憾的是，他们却不断调整飞机的自动电传控制系统，随着各种异常像滚雪球般越来越大，这架飞机的悲剧命运最终无法改写。这起坠机事件与 2009 年 6 月法航 447 航班在从巴西里约热内卢飞往法国巴黎途中坠入大西洋的事故有着令人不安的相似之处。

研究人为因素的专家将这种现象称为自动化悖论（automation paradox）。随着自动化系统越来越高效可靠，操作人员就更容易在精神上松懈，完全依赖自动化系统。随着自动化系统变得愈加复杂，虽然发生事故或不幸的概率可能会降低，可一旦发生故障，其破坏程度往往也会更大。西北大学工程和计算机科学荣誉教授、尼尔森诺曼集团（Nielsen Norman Group）的联合创始人、《设计心理学》（*Psychology of Everyday Things*）一书的作者唐纳德·诺曼（Don Norman）指出："设计师经常根据不完整的信息做出假设或采取行动。他们根本无法预测系统将如何运行，也不知道这将引发怎样的意外事件和后果。"

如今，人类在使用自动化系统时遇到麻烦的例子比比皆是。例如，开车的人只管盲目地按照汽车导航系统提供的路线行驶，其实只要留心看一眼就能发现导航路线存在明显错误。甚至有些时候，驾驶员光顾着听从导航指示而不注重"眼观六路"，最后把车开上悬崖或是在单行道上与迎面而来的车辆相撞。更有甚者，有研究表明，许多驾驶员倾向于使用自动功能，如自适应巡航控制，但操作手法却并不规范。诺曼说道，有时这些自动化系统会在驶离高速公路时突然加速，因为系统判断前面已经没有其他车辆了。如果驾驶员不加小心，就可能会发生碰撞事故。

驾车者、飞行员和火车司机都表现出过度依赖自动化系统的倾向，而且他们过度自信，认为只要能稍打精神，出现状况时就能够凭借驾驶技术和警觉性来避免危险情况。更糟糕的是，设计师有时会依赖错误的假设或不完整的事实来设计系统。他们可能并不完全理解人们使用个人设备或工具的方式，也不明白文化差异背后的影响。他们也可能忽略不同设备的组合将改变系统的性能，或者人们在面对突发状况（比如飞行电脑故障）时的表现会大不如往常。事实上，作为世界顶尖的设计专家，诺曼认为机器逻辑并不总能与人类大脑一致。他坦言，"只要研究一下所谓的'人为错误'，就会发现这些错误几乎总是发生在人们被迫像机器一样思考和行动的时候。"

物联网放大了这种风险。成百上千个设备创建了海量的现实世界交叉点。由于设备和算法之间相互通信，且不同的开发人员和企业采用不同的体系和质量控制标准，他们所构建的系统确实存在无法实现人机理想通信这一现实风险。澳大利亚格里菲斯大学人文学院教授、《人为差错背后》(*Behind Human Error*)一书的作者西德尼·德克尔（Sidney W. a. Dekker）解释说："在任何过程或活动中，往往涉及大量人类直觉，而这恰非机器可以轻易复制的。"

技术发展史中充斥着粗制滥造的用户界面、令人费解的操作控制和难以捉摸的性能故障。任何技术的成熟都需要经历时间的洗礼，需要不断校准、调整和修复。随着机器学习和深度学习方法进一步应用于自动化系统，错误、偏差和故障往往也接踵而至，由此产生的人为差错会极大地影响物联网设备的使用效果。例如，研究人员发现面部识别系统就存在系统性的种族偏差。该系统在识别有色人种时就经常出现错误。这项技术如果用于公共场所（如机场）识别存在安全隐患的嫌疑人，将会产生巨大的风险。

普林斯顿大学和英国巴斯大学研究人员进行的一项研究显示，这种偏差令人震惊。研究人员使用机器学习版本的内隐联想测验[①]（implicit association test）以识别人工智能的偏

---

① 内隐联想测验是以反应时为指标，通过一种计算机化的分类任务来测量两类词（概念词与属性词）之间的自动化联系的紧密程度，继而对个体的内隐态度等内隐社会认知进行测量。

差。这是一种常用的心理学技术，可以检测受访者将单词和概念配对的速度。该系统分析了二十二亿个独特的单词，如"男人、男性""女人、女性"，以及"程序员、工程师、科学家"和"护士、教师、图书管理员"等目标单词，发现"女人"和"女性"等单词与艺术和人文学科的联系更紧密，而"男人"和"男性"则与数学、科学和工程联系更紧密。这项研究还发现，相比于非裔美国人的名字，人们（也可能是机器）更加青睐欧裔美国人的名字。

物联网已经发展到了连接可用性和实用性的关键阶段。此外，物联网组件已经实现了复杂的设计和工艺，即插即用已基本普及。因此，系统运行能够顺利运行就尤为关键。物联网设备和自动化系统还需进一步完善自身的可靠性、准确性和公平性，以获取人们的信任，这一点至关重要。毕竟一辆联网车辆出现故障是一回事，而整个交通网络出现故障又完全是另一回事了。后者将导致大规模的交通堵塞和大范围的交通肇事，往往还伴随着受伤、死亡、暴乱和严重的经济损失。

不过，我们还是有可能为医药、交通和其他领域设计出更好的故障保险系统。尽管曾经发生过亚航 QZ8501 航班和法航 447 航班事故，但现代商业航空公司的坠机事故已经十分罕见。冗余系统（redundant systems）和从业人员培训固然是保障安全的重要环节，除此之外，运用大量数据和创建计算机模拟模型的能力也相当关键，可以帮助工程师更好地了解在飞行期间，机舱压力、天气和其他条件对飞机结构的影响。汽车、船舶和工业机械也是如此。联网系统中的传感器可以在故障发生之前检测到隐患。它们可以测量振动和应力，从而在出现严重问题或发生重大事故前就探测到金属疲劳或混凝土疲劳。

我们的最终目标是设计出能够为政府、企业和消费者带来明显好处的物联网系统，而不会再让任何一方蒙受明显的损失。为了实现这一目标，联网设备和物联网框架必须在合适的时间和理想的环境中提供准确的数据和信息，同时确保不会损害安全或侵犯隐私。

系统和人类孰高孰低

一个令人担忧的问题是，智能设备是否会让人类变得不那么聪明，或者改变我们的智力水平。如今，智能手机能够存储数以万计的联系人信息；GPS 设备无需依赖人工规划的特定路线就能把我们带到目的地；智能手环的应用程序可以追踪我们所消耗的卡路里和健康状态，这在十年前还是完全无法想象的事情。但智能设备在带来便利的同时，也产生了一定的弊端，人们根本记不住重要的电话号码；被迫使用纸质地图时，他们就会迷路；尽管拥有无与伦比的健身器械，但肥胖和与生活方式相关的各种疾病仍是长期困扰人们的问题。于是就出现了一个悖论：智能设备为我们完成的任务越多，我们与自然环境及其规律的互动就越少，对身体和大脑的锻炼也越少。虽然我们获得了某些便捷的能力，其代价却是许多其他原始技能在逐步萎缩甚至完全消失。

心理学家兼作家道格拉斯·莱尔（Douglas Lisle）称之为"快乐陷阱"。他认为，人类的大脑自然倾向于最简单、最令人愉快的做事方式。但是最简单的方法并不总是最好的方法。在《肤浅：人与互联网》（The Shallows: What the Internet Is Doing to Our Brains）一书中，尼古拉斯·卡尔（Nicholas Carr）就对互联网的即时信息文化提出了质疑，随着物联网的发展及随之而来的海量数据、信息、应用程序和控制，这种文化的发展也明显提速。书中写道："我的大脑现在只期望以网络散播的方式接收信息，也就是以快速移动的粒子流形式。我曾经是文字海洋里的潜水者，现在却只能像一个驾驶水上摩托的人一样在水面上飞速滑行。"

物联网和数字鸿沟

从互联网初具规模的二十世纪九十年代起，最令人担忧的问题就集中在数字化富人和数字化穷人身上。所谓数字鸿沟关注的是潜在的经济差距和社会不平等现象。从最基本的层面来说，那些能够获取数据、信息和知识的人往往更容易受益，而那些没有掌握数字资源（比如互联网）的人，很可能在教育、工作和生活的其他方面因为缺少机会而吃亏。如此看来，互联网放大了这些差距。

在高度互联的世界里，风险也进一步加大。虽然自动生成购物清单的智能冰箱或基于传感器的照明系统可能不会影响或破坏任何人的生活，但技术进步可能会导致没有联网的个人和企业陷入被动局面或者处于明显劣势。这部分人群可能会失去改善生活的基本工具和功能，或者他们必须更加辛勤地工作才能完成任务、赚取体面的工资。我们可以把这种数字化差距想象为一部分人还在采用锄头耕种而另一部分人已经开上了联合收割机。

其影响可能是巨大的。例如，在医疗保健领域，那些使用联网心率监测器、血压计、血氧仪和血糖检测器以及手腕穿戴设备（如苹果手表）的人，可以跟踪自己的健康指标和健身情况，及时发现潜在的健康问题。在新冠疫情期间，苹果手表通过监测用户心率来判断其是否可能感染病毒。虽然这项技术不是专业的医疗诊断，当然也不能取代医生和护士，但它确实可以作为早期预警系统来帮助我们预防疾病。

智能手表正逐步演变为医疗设备。新闻报道中不乏苹果手于是就出现了一个悖论：智能设备为我们完成的任务越多，我们与自然环境及其规律的互动就越少，对身体和大脑的锻炼也越少。虽然我们获得了某些便捷的能力，其代价却是许多其他原始技能在逐步萎缩甚至完全消失。

表检测出用户心跳异常，也就是房颤（Afib），并及时挽救其生命的案例。健康传感器增加了用户遭遇紧急情况时获得救治的概率。显然，没有连接到这些系统以及居住在不具备此项技术国家的人就难以从中受益。他们只能在身体出现问题后才去看医生。

教育领域也面临着类似的挑战。目前，学校和教育工作者刚刚开始涉足物联网。然而，联网设备和标记对象已经为他们打开了一系列新功能的大门，比如更精密的研究和实验环境、AR 工具，以及配备了传感器的平板电脑和联网设备，赋予设备更强大的学习和培训功能。数字化富人的崛起是否会以牺牲数字化穷人的利益为代价？在科技含量高的学校上学的孩子是否能进入更好的大学、获得更好的工作？包括未来学家和作家马塞尔·布林加（Marcel Bullinga）在内的一些人认为，物联网可能会加速"技能退化"趋势的发展。他预测"孩子们学习的知识变少了，却能取得更多的成就"。未来的人们不再需要掌握各种知识，因为知识信息随时都在网络上唾手可得。

现在，有人担心物联网会加剧社会分化和阶级差异，同时扩大数字鸿沟。皮尤研究中心 [①]（Pew Research）2019 年进行的一项研究发现，在美国，年收入低于三万美元的成人家庭中，

---

① 美国的一家独立性民调机构，总部设于华盛顿特区。该中心对那些影响美国乃至世界的问题、态度与潮流提供信息资料。

近 30% 的家庭没有智能手机，46% 的家庭没有联网宽带。相反，在年收入在十万美元及以上的家庭中，97% 的家庭拥有智能手机，94% 的家庭使用宽带。

向下流动的道路？

将新技术融入社会面临的一大挑战是技术将不断取代工作和工人。这个概念并不新鲜。过去的电梯操作员、电话总机操作员、电影放映员、保龄球馆摆球员和印刷排字工都已被自动化取代或淘汰。显然，在过去十年中，这一趋势还在加速发展。抄表员、收银员、仓库工人和客服专员等职业都面临着日益萎靡的就业前景。布鲁金斯学会[①]（Brookings Institute）2019 年的一份报告显示，自动化正威胁着美国 25% 的工作岗位。受教育程度较低的及那些从事自动化可替代工作的低薪阶层都将受到最严重的冲击。缩水最严重的岗位包括办公室管理、生产、运输和食品准备等。该报告还指出，这些"高度收缩"的工作中有 70% 可以实现自动化。

布鲁金斯学会的报告中并非全是负面内容。其中也指出，技术和自动化扩充了许多业务范畴，在某些情况下还能创造新的

---

① 美国著名智库，主要研究社会科学尤其是经济与发展、都市政策、政府、外交政策以及全球经济发展等议题。

工作，尤其是在计算机编程等领域。不过，就业冲击问题仍然存在。在很多情况下，技术进步是由物联网驱动的，这会给普通工人带来巨大的压力，迫使他们学习新技能，甚至接受全新的培训，许多人会觉得自己被时代抛弃了。尽管过去也出现过许多类似的挑战，但现在世界瞬息万变，其发展速度令人眼花缭乱。随着自助服务技术的加速发展、自动化的普及、机器人的进步，以及纳米技术从科幻领域走向现实应用，很明显，当今社会正在接近一个临界点，人类将在许多领域逐步淘汰自己。

机器人独当一面经营快餐店的时代已经到来。在加州帕萨迪纳的一家餐厅里，一个名叫 Flippy 的机器人正忙着烤肉饼、做汉堡，同时还不忘加工烤鸡柳和炸薯条，使之呈现出完美的金黄色。Flippy 配备了一系列复杂的传感器，包括计算机视觉和温度读取器等，每小时能生产出数百个汉堡。此外，它还能与人类沟通，合作得天衣无缝。该设备由 Miso Robotics 公司生产，餐厅老板每月只需支付两千美元的使用费，折算下来相当于每小时三美元。Flippy 从不请病假，也从不抱怨高温环境和工作条件。经过适当消毒的 Flippy 大大降低了食客感染新冠肺炎、肝炎或任何其他传染病的风险。很明显，在拥有数十万个空缺职位和高流动性的餐饮行业，Flippy 和它的机器人同伴很快就会取代人类。

不难想象，在不远的将来，快餐店和众多餐馆都挤满了机器人厨师和机器人服务员，同时还配备了与智能手机和智能手表相连的非接触式数字支付系统。同样，像亚马逊设计的那种"即拿即走"的自动支付系统也将应用于超市。自动驾驶汽车和送餐车还能为顾客配送食物，机器人在杂货店、服装店和其他零售商场清点货物、补充库存。Simbe Robotics 公司生产的一款名为 Tally 的机器人已经被六个国家的十几家零售商采用。这个一米八高、四十五厘米宽的机器人拥有十多个可扫描库存的机载摄像头和其他传感器，这些传感器能够进行 2D 和 3D 扫描，并读取货架上物品的 RFID 标签。凭借激光雷达和差动驱动底盘，它可以转身并识别周围环境，因此不会在营业时间里与顾客和购物车发生碰撞。

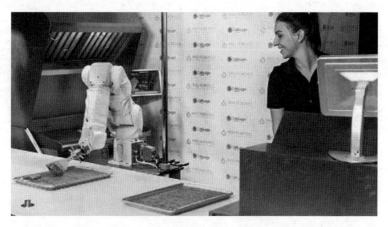

图 6-1　机器人 Flippy 在无人监督的情况下烹饪汉堡、薯条等食品
来源：Miso Robotics

图 6-2　Tally 机器人通过多种物联网技术结合为零售商管理库存

来源：Simbe

　　物联网和数字技术带来的优势（效率提高和成本降低）似乎很有竞争力，但技术在改变经济的同时也存在相当广泛的问题。关于社会财富分配不均和财富向少数人集中的问题越来越严重。事实上，越来越多的人认为，科技并没有减少不平等，反而加剧了社会不平等。世界银行指出，数字革命已经产生了深远的影响，但许多好处却集中到了越来越少的人身上。报告还称，全球有六成的人口仍无法使用互联网。更重要的是，随着训练有素的专业人员和大公司率先从这些技术中获利，整个社会的大部分普通人似乎都落后于时代。这就催生了全民基本收入 [①]

[①]　指某一国家或地区政府做出的每月或每年为其管辖区域内的全体公民或居民提供一笔固定收入的保证，这种保证会覆盖有关区域内全体具有合法身份的公民或居民，不附加任何额外条件，可终生连续发放。

（universal basic income）的设想，这将确保每个人每年都能
获得最低限额的经济收入。

数字干扰的威胁

智能手机等电子设备已经成为通信的枢纽。如今，人
们却越来越担心在汽车、餐馆和其他场所使用电子设备带来
的问题。显然，电子设备改变了社会互动的本质，而且许多
人认为这些改变实际是在向着更糟的方向发展，比如麻省理
工学院科技社会研究方向的艾比·洛克菲勒·莫泽 [①]（Abby
Rockefeller Mauzé）教授。《群体性孤独：为什么我们对技术
期待更多，对彼此却不能更亲密》（*Alone Together: Why We Expect
More from Technology and Less from Each Other*）一书的作者雪莉·
特克尔（Sherry Turkle）认为，这是值得关注的重要问题，她
表示，"无须讳言，新技术的渴望就是利用新技术与技术的关系
来代替技术与人的关系。"

这种结果对人类来说可能并非完全有利。研究表明，人
们注意力的持续时间越来越短，现今的超链接世界助长了即时

---

① 洛克菲勒家族第三代中的第一个孩子，也是唯一的女儿，她不喜欢进入公众
视野，主要关注慈善工作，在 1968 年创立了 Greenacre 基金会，并担任创始
人和总裁。

满足的心态和文化。例如，皮尤研究中心的互联网项目研究发现，87%的教师认为，尽管数字工具对学习产生了"主要是积极的"影响，但这些技术正在造就"注意力难以集中、爱溜号的一代"。此外，64%的教师表示，当前的数字技术"更多是分散了学生的注意力，而不是帮助他们提升学业"。另一项研究表明，在工作时，许多人都把相当一部分工作时间花在浏览脸书和推特上。

另一种可能是，人们的批判性思维能力也在走下坡路。加州大学洛杉矶分校著名心理学教授、洛杉矶儿童数字化媒体中心主任帕特里夏·格林菲尔德（Patricia Greenfield）发现，在收看美国有线电视新闻网的头条新闻时，如果只有新闻主播在屏幕上播报，而没有屏幕底部的"滚动消息"的话，学生们记住的内容就比受到滚动消息或其他股市和天气信息干扰时多得多。格林菲尔德表示，事实上，研究表明，一心多用"会阻碍人们对信息进行更深入的理解"。

无独有偶，人们对汽车和行人的担忧也在增加。大约三分之一的碰撞事故是由于司机分心、注意力不集中造成的，他们通常边开车边打电话或发短信。鉴于越来越多的物联网数据点和功能被添加到信息系统，注意力不集中带来的危害也更加凸显。许多司机时不时地低头切换下一首歌曲，或是趁开车时打电话给朋友。刹那的疏忽都可能致命。尽管车载语音控制系统可以帮助缓解这一问题，但麻烦仍然存在：设计师和工程师会设计出远程信息处理系统来无缝集成和管理一系列潜在的复杂流程吗？甚或这些系统会更加使人分心？

安全和隐私问题日益严重

在过去十年里，科技进步引发了人们对安全和隐私问题的日益关注。数据泄露问题每天都在发生，私人信息不断泄露导致了一系列的后果，包括身份被盗用之类案例的大幅度增加。政府和企业面临越来越多的网络攻击和数据盗窃风险。2020年的一项研究发现，六成的美国人经历过身份被盗用的事件，两成的人承认曾向诈骗者泄露过个人信息。

这些都是不容小觑的问题。互联网在最初设计时并没有考虑到安全问题，在当今世界，安全专家与网络骗子一直在玩猫捉老鼠的游戏。每当出现新的威胁或漏洞，安全团队就会马不停蹄地亡羊补牢。各种各样的工具、方法和技术应运而生，却没有哪一种能一劳永逸地解决问题。如今，设置防火墙、恶意软件监测、终端安全、加密、密码管理系统、网络映射和监控等措施显得尤为必要。

一方面，物联网可以提供更简便的安全保护措施。比如，多重身份验证[①]，利用智能手机就可验证一个人的身份，为我们的账户安全构筑强大的屏障。哪怕在对方已经窃取了密码的情况下，多重身份验证仍能阻止黑客和攻击者访问账户。另一方面，令人眼花缭乱的硬件、软件、操作系统、协议和通信方法带来了许多漏洞和潜在的切入点。黑客已经能够入侵联网的婴儿监视器，篡改冰箱和电视机程序，甚至破解汽车和医疗设备的安全系统。如果黑客改编程序导致汽车刹车失灵或医疗设备停止工作，后果将不堪设想。

如今，物联网安全主要集中在三个主要领域：身份验证、加密和终端保护。设备身份验证通常围绕数字证书（如 X.509）展开，可用于验证设备、网关、用户、服务和应用程序等。X.509 加密标准使用自签名或权威机构签名的公钥证书来验证网络上的身份。加密包括网络加密的 WPA2 标准。终端保护技术则致力于禁用操作物联网设备时不必要的终端，或是确保它们受到防火墙的保护。

即便如此，我们还是需要更高级别的安全性。在高度互联的世界里，传统工具的有效性十分有限。物联网设备和系统需要的不仅仅是密不透风的操作系统和固件。要锁定每个应用程

---

① 多重身份验证是一种强化在线账户安全的措施，它要求用户在尝试登录到某个服务时，除了提供常规的用户名和密码外，还需要通过另一种独立的方式证明自己是该用户。

序和设备是不可能的，尤其是当数据在所有系统之间不断流动时，想要锁定它们势比登天。我们需要一个零信任框架，利用多种工具和技术（包括加密、分析和人工智能）来识别网络危险和攻击。安全措施还必须解决通常由物联网支持的社会工程技术问题，这些技术会骗取人们的用户名和密码、信用卡号甚至社会安全号码。

随着系统、设备和数据的互联程度越来越高，隐私泄露风险也在不断升级。物联网的复杂性及其中存储数据的多样性就意味着数据溢出或泄漏的巨大可能性。这些风险包括个人信息或照片的非必要公开、企业和政府的窃听，以及难以追查的数据流向或各种数据信息被盗用及滥用的问题。

一些地方的政府机构已经开始直面这些问题并寻求解决方法。有益的尝试是于 2018 年生效的欧盟《通用数据保护条例》（General Data Protection Regulation，GDPR）。它对那些有权处理涉及欧洲公民数据的企业提出了十分严格的规章制度和处罚条款。2020 年，加利福尼亚推出了《加利福尼亚消费者隐私法案》（California Consumer Privacy Act，CCPA），直接针对物联网安全和隐私做出若干规定。加州法律要求制造商在物联网设备中加入"合理"的安全功能，明确在加州开展业务的企业标准以及对违规操作和数据泄露的处罚规则。严重违规将被处以每次两千五百至七千五百美元的罚款，加州检察机关还会对其提起诉讼。

然而，随着数据量、数据种类和数据传输速度的增长（数据通常来自传感器、机器、相机、存储和数据处理系统的新数据源），数据出现漏洞或滥用的风险也在增加。因此，收集和储存数据的企业必须先解决几个关键问题，比如数据个人化，数据去身份识别和再识别，以及数据持久性，主要包括如何存储和保留数据等。此外，还需加强员工培训，让他们了解如何保证数据安全，以及什么行为构成违规。

风险并非抽象难寻。智能手表可以追踪佩戴者的运动、心率和其他因素，通过正确的算法，就可以分析出用户潜在的健康风险。如果企业老总或保险公司以某种方式看到了这些数据，他们就可能会拒绝对方的求职申请或投保行为。这触及了当今数字世界——尤其是物联网——的核心。虽然从特定终端或设备传输的数据可能不构成威胁，而且很少或基本不涉及用户隐私，但从多个终端和来源汇集的数据便可以给人提供深刻的见解并揭露出有关个人的敏感信息。

当信标、传感器、摄像头和智能眼镜无孔不入，它们收集的数据源源流入网络世界时，我们已经能够随时随地锁定某个人身在何处或是在做什么。在社交媒体上打卡会让人们的行踪更加暴露无遗。不管是个人行为、消费模式，还是饮食和娱乐活动，这些都将无所遁形。此外，随着计算技术和算法的进一步提升，系统将在破译甚至预测行为方面变得更为精准。系统分析能力不断进步可能导致我们的一切信息都变得公开透明，一个新的敌托邦 ① 可能正在形成。

如今，无处不在的物联网摄像头能够收集用户的面部图像。这些图像可用于从执法到营销在内的各种目的。脸书、Flickr ② 和其他社交网站经常使用面部识别软件来识别用户，亚马逊、谷歌和 IBM 等科技公司利用面部识别技术来提升算法，执法机构和其他政府机构可以将看似无穷无尽的图像流转存到数据库中。尽管这些活动大多围绕着数据货币化，但也存在用户遭到监视的风险。这些负面信息导致越来越多的人反对使用面部识别技术。2019 年，研究人员在二百多种算法中发现了种族偏差的证据，面部信息被盗用和滥用的可能性更加凸显。

警方可使用 AR 眼镜来识别使用假护照或是被通缉的人。其系统依靠内置摄像头捕捉面部图像，并通过智能手机和蜂窝网络将其传输到数据库中。整个过程不超过一百毫秒。如果被识别者和数据库中的面容信息相匹配，系统就会及时向警务人员发出反馈，警方便可迅速采取行动。在美国和英国，执法机构已经在机场和体育场馆使用面部识别技术来识别在监视名单

---

① 一个文学和社会科学的概念，它表示的是一个与乌托邦相反的假想社会。这个概念描绘的不是美好的、自由的人性理想世界，而是一个充满掠夺、压迫或恐怖的生活条件极其艰苦的社会。
② 雅虎旗下的图片分享网站。

上或尚未执行逮捕的嫌疑人。

与物联网相结合的 AR 眼镜只是实施监控的最低级措施。中国政府还推出了社会信用体系，可以追踪全国十四亿公民和企业的行为和活动。该系统能对他们遵守政府规定的程度进行评估。除此之外，如果公民违反交通法、乱扔垃圾、制造噪音、在地铁上用餐、预订酒店却临时取消，社会信用系统就会根据经济责任对他们进行赋分和标记。当某个人的计分累积到一定程度时，就可能被禁止乘坐火车、飞机，或是无法入住酒店、参加某些商业活动。至 2019 年 6 月，系统中的"失信人员"已累计被拒绝购买 2682 万张机票和 596 万张高铁车票，另有 437 万"失信人员"依法履约。

对那些制造在物联网框架内运行的产品和系统的公司来说，眼下亟须了解何时需要采集个人数据以及何时需要剥离个人标识信息。这项任务看似简单明确，但在实际操作中的复杂之处在于，由于数字化信息不断增长，即使在主要身份数据缺失的情况下，我们仍能判断出某人的身份。例如，一种产品可能会避免使用静态 IP 地址，让个人数据看起来很安全。但通过调取各种日志和通话记录中保存的信息、短信、手机信号塔和收费站及电脑的时间戳、信用卡交易和其他电子记录，个人身份还是会暴露。

随着数据从无人机、监控摄像头、地理定位监视器、可穿戴设备、联网汽车、智能电器、传感器、手机和平板电脑中的应用程序、社交媒体和设备日志中源源不断地涌入，作家兼顾问的丽贝卡·赫罗德（Rebecca Herold）表示，社会正面临着一种威胁，即将成为"温水里的技术青蛙，很快就会被沸腾的数据煮熟"。她还补充说，立法者通常是在问题发生后，而且只有在"严峻的问题发生之后"，才会想到亡羊补牢。

打击犯罪和恐怖主义

如今的新闻头条充斥着网络犯罪的故事。数据泄露、欺诈、网络攻击和网络间谍活动已经成为日益严重的隐患，威胁着个人、企业乃至社会的安全。连接无数传感器、设备和系统的能力使得保护数据和公民权益的任务变得更为艰巨。

例如，3D打印机允许个人在法律限定之外，制造枪支和其他武器。这些塑料装置也能躲过机场、体育场和其他地方的金属探测器和安检装置。少数企业甚至公开表示，他们就是要漠视，甚至是公然挑战有关3D武器的法律底线。2019年，一名制造非法突击步枪并创建政治领导人"暗杀名单"的男子被判入狱。然而，非法枪支只是问题的冰山一角。3D打印甚至能帮助用户自制手榴弹或定制可以击落商用客机的火箭发射器。该技术还为假冒商品甚至假药提供了简单快捷的生产方法。

另一种风险来自市面上滥买滥卖的无人机。现在只要几百美元就能买到一架无人机。据估计，目前仅在美国就有超过一百六十万架注册的无人驾驶飞机系统（也就是无人机）。它们肆无忌惮地霸占着天空。尽管无人机在娱乐、农业、采矿、环境监测、工业安全、天气预报、包裹递送和商业摄影等各种领域都有大量合法用途，但也有人将其用于卑劣的目的，比如监视名人政要、窃取物品、投放高度精准的炸弹或弹头，比如炭疽、合成病毒和其他生物武器等。在谷歌上随意搜索一下，就会发现有很多案例提到，无人机干扰商业航班或火灾及其他灾难的紧急救援。

　　同样，大量昆虫大小的微型机器人和几乎看不见的纳米机器人对我们大有用处。它们可以处理危险的建筑和拆除任务，寻找灾后幸存者，参与高清晰度的天气和气候测绘，为作物授粉，以及参加军事战斗。卡内基梅隆大学（Carnegie Mellon University）的研究人员在该校机器人工程教授豪伊·乔塞特（Howie Choset）的带领下，成功开发了一种机器蛇，可以深入残砖断瓦寻找灾后幸存者。它有十六个方向舵，这意味着它几乎可以向任何方向移动，同时还搭载了热传感器来探测幸存者。在 2017 年墨西哥城地震中，机器蛇就发挥了巨大作用。

　　哈佛大学的研究人员一直致力于开发所谓的机器蜜蜂。一些私企也在研究可以飞进、爬进或跳进洞穴、裂缝和敌后区域的机器蜘蛛、机器蛇、机器蜻蜓和机器蝴蝶等。这些微型设备配备了各种各样超越人类感官的传感器，比如视觉、听觉、触觉、味觉和嗅觉等。蜂群机器人可以通过相互通信来完成许多困难和危险的任务，而不是在某些情况下由一个中央权威机构发出单一指令。

但是，就像传统机器人和无人机一样，这些新兴技术也可能用于犯罪、谋杀、间谍、暗杀和恐怖主义。前警官马克·古德曼（Marc Goodman）是未来犯罪研究院（Future Crimes Institute）的负责人，该研究院是一家专门研究与新兴技术相关的安全和风险的智库和信息交换中心。他说，今天的许多工具都是"超乎想象的"。他相信这些技术可以"为世界带来巨大的变化。但如果它们落入自杀式爆炸袭击者手中，未来的走向可能完全不同……我们总是低估罪犯和恐怖分子的能力……每当一项新技术问世，犯罪分子就会对其染指"。

新的法律框架出现

互联网和数字技术给世界各地的法律制度带来了巨大的难题。人们越来越关注自身在知识产权、版权和商标、诽谤、犯罪和网络间谍等领域内拥有的权利、义务和资源，这些内容往往也是引发争议的焦点。因此，法律体系正在努力跟上包括物联网在内的现代技术的步伐。该挑战的核心围绕着一个根本问题：世界上根本就不存在所谓的国际法。虽然有一些双边条约、公约和协议试图在混乱中维护秩序，可这些法律有效与否取决于做出法律决定的信息质量及其执行效率是否达标。

现实中存在一个巨大的障碍，即在一个国家合法的东西在另一个国家可能就是违法的。这就使得与司法管辖区和执法有关的问题变得难以解决，甚至引起不可调和的矛盾。随着数据在不同地区的服务器、云和设备之间移动，这些挑战和问题也呈指数级增长。我们几乎无法弄清楚数据保存在哪里，是谁掌握着这些数据。有些人甚至说，现代计算机和通信已经使法律所覆盖的领域远远超出了过去的范围。

物联网给本已复杂的计算环境增加了额外的复杂性。了解数据的来源及数据如何在电子路径上被修改或改变是我们正面临着的巨大的挑战。区块链等技术可能会对我们有所帮助，它通过电子系统为跟踪数据、资金和文件提供了一个不变的数字账本，但它只是信任方程式的一部分，不能解决全部问题。一系列困扰应运而生：到底是谁应该对问题、故障或停机负责，尤其是在导致了损坏、伤害或死亡的情况下？如果一个国家或司法管辖主体不愿与国际社会合作，应该怎么办？如果由于一系列不幸事件而导致个人隐私信息公开，又该怎么办？

能够确定的也许只有一件事：随着全球化和互联的物联网世界日渐形成，社会和法律制度将承受很大压力。社会面临的终极挑战是如何在风险和保护与基本权利和自由之间取得平衡。

数字化军队崛起

物联网还可以作为新型军事和战争的基础。近年来，军用无人机改变了战争的面貌，也改变了政府追踪恐怖分子的方式。例如，美国已经在阿富汗、巴基斯坦、伊朗、索马里和其他地区部署了侦查无人机，其优势在于能够免除飞行员执行任务时受伤或死亡的风险。多数情况下，无人机的成本也比最先进的战斗机低得多。通过互联网或私人网络连接，操作员便可"运筹帷幄之中，决胜千里之外"，在类似游戏的场景中操纵飞机，发射机枪子弹、导弹和炸弹。不过，独立的无人机只是军队更加智能化的一个方面。军用车辆、运输设备、医疗设备、护目镜、头盔和其他设备也正在联网。此外，眼镜和护目镜还能结合 AR 技术将数据和计算机生成的信息与现实事件叠加在一起，以增强对飞机、坦克乃至整个武器系统的控制。

军方正在设计更加先进的功能。美国国防部高级研究计划

局（Defense Advanced Research Projects Agency，DARPA）正
在探索机器人军队的新用途。比如昆虫机器人可以在敌后爬
行、滑行、潜行和飞行，完成预设的任务，甚至执行自主杀
戮。这种行为一直遭到联合国和其他组织的谴责。这些系
统既改变了战争的模式，也改变了人们对武装冲突以及由此所
引发的伦理道德问题的看法。纽约新学院副教授、斯坦福大
学互联网与社会中心荣誉学者、国际机器人武器控制委员会
（International Committee for Robot Arms Control）联合创始
人彼得·阿萨罗（Peter Asaro）说："能够在战争中自主决策
的机器已经出现了一段时间。但当决策涉及人的生命时，伦理
和道德问题就会被放大。"

这些依赖传感器和网络连接的武器还引发了令人难以置信
的哲学和道德问题。正如莱斯大学（Rice University）计算机
科学教授摩西·瓦尔迪（Moshe Vardi）所解释的那样："问题
不在于我们是否应该在战场上使用人工智能和自动化武器，而
是应该在何时何地如何使用它们。我们需要真正理解自动化意
味着什么。如果人类下达了最初的命令，但攻击是由机器执行
的，那么自主攻击的时间间隔设计为多久才算理想？五分钟，
五十分钟，还是五天？目前，这个概念还非常模糊。"

将来时态

如果说在这一过程中有什么收获的话，那就是物联网既给予了我们一些好处，同时也让我们付出了一些代价。它帮助我们解决了一些问题，但也带来了新的困扰和担忧，比如更大程度的数据武器化。在提升效率的同时，这一切也给我们带来了新的实践、技术和道德挑战。毫无疑问，就像工业革命期间一样，法律制度和社会制度都难以跟上时代的发展。一些社会评论人士认为，解决这一挑战的一种方法是把问题和挑战丢给公众或专家组，本质上是把道德和安全问题变成一个开源项目。这可能会催生新的想法，并最终带来巨大的好处。它还可能让公众来负责设计新的法律和框架。

与此同时，我们需要关注物联网如何改变道德、伦理和法律框架，以及这些内容如何反过来影响企业、教育机构、研究人员和普通公民。

同样重要的是，我们要在过去所未有的层面上来思考消费、便利和个人边界：我们的生活到底需要多少技术？我们希望物联网及其系统如何塑造我们的生活？为了追求和享受好玩、炫酷的设备和功能，我们愿意放弃多少隐私？

第七章

初具规模的互联未来

更加智能的框架

随着物联网日益深入我们的生活，一种永远互联的生活方式已经出现。我们用语音指令控制电灯开关，用联网数字温度计检测和跟踪病毒，用手机上的应用程序实现虚拟试衣。随着数字金融和电子银行业务成为常态，银行分支机构，甚至自动取款机都变得越来越冷清了。

在新冠疫情期间，互联业务的必要性大大提升，也普遍走进了现实生活。Zoom 和 Skype 通话蓬勃发展，极大地改变了我们的生活。呼叫中心专员和客服人员可以居家办公。Dropbox 和 Google Drive 等云存储软件成了日常必需品。与此同时，联网的工厂和仓库现在只需极少数的人工交互就能完成工作，有时甚至能彻底摆脱对人工交互的需求。机器之间可以相互交流，还能根据不断变化的标准和条件来调整决策。只有在某些程序出现错误时，才需要人工进行干预。

物联网系统正渗透到人们生活的方方面面。利用联网的传感器，科学家得以深入了解到精确至具体街区的空气污染状况。以色列气候技术初创公司 BreezoMeter 绘制的地图能够显示九十三个国家的实时空气质量和花粉水平，精度达到五米范围。苹果手表也能显示空气污染程度，同时显示当前的紫外线指数。奥迪和宝马推出的一些系统能利用计算机视觉分析驾驶员的眼睛和面部状态，再结合车道监控、方向盘监控和其他传感器数据以确定驾驶员何时需要休息。如果检测出司机昏昏欲睡或注意力不集中，系统就会发出警报。

这些功能还在持续发展，甚至呈现出加速趋势。世界卫生组织的报告称，每年有一百二十多万人死于道路交通事故。车辆搭载的众多安全装置可以有效减少伤亡，检测司机困倦和注意力不集中的系统也有所助益。不过，自动驾驶汽车几乎可以避免伤亡事故的发生。在同步交通信号和路线系统构成的庞大网络中行驶的自动驾驶汽车也能带来前所未有的成本缩减和环境效益。

人们生活的其他方面也在改善。在过去几年里，互联医疗已经成为现实，为医生、护士和患者带来了巨大实惠。现在，物联网设备可以在家中对患者进行全时段的医疗监护，医护人员也可以使用 3D 打印来生产医疗设备和卫生用品。例如，在俄勒冈健康科学大学，由创伤外科医生艾伯特·迟（Albert Chi）带领的跨学科团队为上肢功能障碍患者开发了 3D 打印的假肢设备和肌电外骨骼。在新冠疫情期间，该小组开发了一种系统，允许用户只花大约十美元的材料费就能打印出呼吸机的所有必要组件，而使用传统方法制造一台呼吸机的成本可能高达二万五千美元。

事实上，3D 打印将彻底改变世界上每一个行业的每一项业务。它支持团队协作，完善设计，并通过在线社区进行分享。这种方法为制造业带来了更快的速度和更高的灵敏度，同时降低了制造成本，促进了制造分散化。随着新冠疫情暴发，西班牙和法国的医疗专家和志愿者团队与打印机公司 BCN3D 合作，使用开源脚本打印了四千二百多个防护面罩。3D 制作的防护装备陆续流入七十多家医院和医疗中心。共享设计的能力加快了防护用品的生产速度，自然也挽救了更多生命。

未来，更精密的、能够检测到更多状况和问题的可穿戴设备将以更切实的方式来跟踪用户的健康状况。这些设备还将收集关于用户和其他人群更全面的对比数据，并将其应用于创建新的计算和算法。美国疾病控制中心预计，到 2050 年，将有三分之一的美国人受到 2 型糖尿病的困扰。现在，美国每四例死亡中就有一例死于心脏病。其中大多数疾病和死亡是完全可以通过培养更好的饮食和锻炼习惯来预防和避免的。很多时候，救治的关键是及早发现病情，然后对患者进行跟踪和监测。

在工业领域，联网机器帮助制造商实时更新订单状态、监控运输情况。系统可以覆盖工厂或整个供应链，随时找到组件或物品并报告其确切位置，这样就可以准确地通知客户订单何时配送。几年之内，直接面向消费者的定制产品将成为主流的这种设想完全不足为奇。用户可以使用智能手机上的应用程序扫描自己的身体，选择心仪的风格和设计，第二天就能收到一双新鞋或一件新衬衫——这一切都是传感器、物联网和由它带动的制造能力发挥作用的结果。

小心行事

从另一个方面看，自动化也意味着风险。它不仅会导致注意力不集中和人为失误，比如法航和亚航坠机事故，还会让人对系统产生依赖，遗憾的是这些系统并不总能带来积极的结果。事实上，技术进步往往伴随着这个悖论，而物联网则加速了这一趋势。人们之间互联得越紧密，与现实世界联系得就越少。技术在现实和人之间增加了一个抽象层，其作用有好有坏。过去，波利尼西亚人和维京人能在没有地图或卫星定位的情况下驾驶小船穿越海洋，而如今，大多数人都看不懂地图，很多人在没有数字技术辅助的情况下连路标都不认识。同样，相对原始的部族懂得要种植、寻找和食用哪些食物，而现在，我们大多数人只能依赖冰箱里塞满的从超市买来的盒装食品和罐装食品来生存。

运动追踪器会在每天锻炼达标和消耗预设卡路里时提醒我们；计时器和自动烹饪系统会在做好饭时提醒我们；电脑会为我们计算一切，让我们的生活越来越便捷。但讽刺的是，我们并没有因此成为更好的跑步者、司机、水手和厨师，而且总的来说，我们远不如我们的祖父母那样苗条、健康。事实上，所有证据都指向相反的方向。遗憾的是，我们还是时常选择依靠数据点，而不是感官和知觉来定义我们周围、身边和内心发生的事情。在这个框架之下，越多的数据点往往意味着愈发缺乏的知识和愈发迷惑的生活。

终极问题是，数以万亿计的联网设备能够窥探到世界的每一个角落、缝隙和空间，并看到超出人类视线的维度。它们是否真的能创造更佳的洞察力和更丰富的知识，还是进一步将人类与这颗星球，甚至可能是将人类彼此割裂开来。在某种程度上，当智能设备和机器替代人类处理各种任务时，我们就有可能遗忘最基本的常识，比如如何种植食物，如何在没有导终极问题是，数以万亿计的联网设备能够窥探到世界的每一个角落、缝隙和空间，并看到超出人类视线的维度。它们是否真的能创造更佳的洞察力和更丰富的知识，还是进一步将人类与这颗星球，甚至可能是将人类彼此割裂开来。

航的情况下从一个地方到另一个地方，以及如何建造房子并取暖。因为只要始终拥有机器，生活就万事大吉。但如果它们消失了，哪怕只是消失很短的时间，人类就可能会遇到严重的麻烦。

在物联网带来的所有可能性和机会中，有一个事实非常明显：物联网正在改变我们对世界的看法，同时开启了人们与周围世界互动的全新方式。然而，尽管近些年来我们见证了技术的显著进步，但物联网仍然是一个新兴的技术框架。未来几年，随着人和物之间联系面的扩大，我们的生活和工作也将发生翻天覆地的变化。

前瞻性思维

物联网创造了一个覆盖全球的无形计算框架。如今，许多物联网基础设施似乎都是人工智能和自动化的孤岛。将这些孤岛连接起来，并用其他数字技术增强它们，这样将进一步改写和重塑社会运行方式，以及人与机器之间、人与人之间的互动方式。在未来几年，物理和数字的界限将越来越模糊。AR 技术将进一步用虚拟数据取代现实事件。随着 Siri 和 Alexa 等语音助手变得越来越智能，它们将承担越来越复杂的任务。我们还将对物理对象进行大规模的标记，以捕获人类感官过去未曾留意过的数据信息。

麻省理工学院计算机科学与人工智能实验室的高级研究科学家戴维·克拉克（David Clark）认为，设备将逐步扩大自己的通信模式，发展出自己的"社交网络"，用来共享和聚合信息，实现自动控制和激活。"人类将生活在所有决策是由一系列积极合作的设备做出的世界里。互联网将变得更加普遍，却不似过去那般显而易见。在某种程度上，它将融入我们生活的方方面面。"

爱立信消费者实验室（Ericsson Consumer Lab）2019 年发布了一份报告《2030 年热门消费趋势：感官互联网》（*Hot Consumer Trends 2030: The Internet of Senses*），进一步推动了这一概念。报告中预测，在人工智能、虚拟现实、增强现实、5G 和自动化等数字技术的融合推动下，未来将更加以传感器为中心。爱立信预测，到 2030 年，基于屏幕的体验将与几乎与现实不可分割的多感官体验展开竞争。这个超链接的世界将以人的大脑为界面，创造出人工风味和合成触觉，并在视频和其他环境中产生"融合现实"。

所有这些都将催生出新的应用和设备，以及新的技术类别和交互点。例如，智能手机的触屏可以帮顾客在线模拟购买夹克的触感，或者体验抚摸羊驼或大象的乐趣。未来的耳机可能会在对话同时实现即时翻译转换。联网的数字系统可以让用户通过旅游宣传册就闻到甚至品尝到意大利那不勒斯的美味比萨。在这个过程中，数字对象更有可能成为现实世界的一部分，而物理对象也更有可能出现在数字设备和环境之中。事实上，虚拟空间和混合现实环境可能会变得与现实世界一样逼真。

在这个高度互联的世界中，虚拟现实可能会为人们带来完全身临其境的感觉。借助 VR 头盔与触觉反馈手套，甚至是全身套装，用户就能体验到在亚马逊雨林中的潮湿或高温感觉，还能闻到孟买或墨西哥城街头的食物香气。在商界，今天的视频会议工具可能变成老掉牙的过时技术，就像我们看待过去的有线旋转拨号电话机一样。能够与现实世界互动的虚拟世界已经出现了。

诸如 Sine Wave Entertainment 和 Spatial System Inc. 此类的公司已经创建出虚拟空间，用户可以在虚拟房间中漫步，并像在现实世界里一样，与不同的人和物互动——即使他们相隔两界。当一个人的化身在 Sine Wave 公司的社交平台 Breakroom 中活动时，人和物所发出的声音会随着距离的变化而出现强弱起伏。主持人可以要求与会者前往礼堂、会议室或分组讨论室，在那里，他们可以观看演示文稿或培训视频，还能进行讨论。用户可以在其中分享内容、鼓掌、表达情感、发起精准的聊天或语音对话。

当前的许多任务也可能发生变化。正如谷歌地图和苹果地图几乎取代了厚重且难以折叠携带的纸质地图一样，下一代联网设备可能会在导航方面更进一步。用户无需在走路时一直盯着手机看，AR 眼镜将通过巧妙的箭头引导或其他指示来告诉我们该走哪条路。不出十年，我们甚至有可能通过大脑接口与地图进行互动。假设你正走在阿根廷布宜诺斯艾利斯的一条街上，突然想吃肉馅卷饼。你的 AR 眼镜就会带你去往附近最火的饼店。

计算和通信的进步将推动下一代物联网系统所需的性能和带宽取得新进展。更先进的微处理器和新型无线技术将占据主导地位。五代技术日益成为主流，研究人员正在加紧探索六代蜂窝和无线技术，包括太赫兹数据网络等。后一种技术也被称为亚毫米辐射技术，能比以太网快一千倍，同时还引入了更加强大的功能，比如高度复杂的传感器。该技术能有效减少自动驾驶汽车、机器人和其他机器的响应延迟，还能支持它们实时检测周围一切运动物体。它还可以用于路由器、智能手机和虚拟现实环境，为我们带来更智能、更协调的物联网设备和机器。这些新设备和新机器可以在智能城市电网和智能工厂中运行，创造高度沉浸式的 VR 空间。这些空间不仅能同时容纳大量用户，还能将物联网对象和生态系统联系在一起。

荷兰阿尔特兹艺术大学（ArtEZ University of the Arts）研究与推广部主任、美学与技术文化教授尼尚·沙阿（Nishant Shah）认为，物联网带来的变化将是深远的："这将会系统地改变我们对人类、社会和政治的理解。它不仅仅是执行现有制度的工具，还针对我们已经习惯的系统做出一系列结构性改变。这意味着我们正在经历一种范式的转变，因为现有的结构失去了意义和价值。尽管其成绩可喜可贺，但也伴随着巨大的不稳定性。新的世界秩序亟待建立，以适应这些新鲜事物和运作模式。我们已经见证了互联网的巨大影响，它还在继续加速发展。"

在这个新兴的物联网框架中，出现了一系列令人眼花缭乱的问题、威胁和挑战。人们最大的担忧就是如何在这个几乎一切都被监控、记录和分析的世界里生存。我们需要考虑到底是要通过不断的监督和社会管理来获得更安全、更有序的生活，还是要追寻一个更自由、更开放的社会。人类数字互动领域的权威专家乔纳森·格鲁丁（Jonathan Grudin）指出，一个高度互联的世界将暴露出"我们想当然的、人们应该遵守的行为方式，以及我们为指导人们行为而制定的法律、法规、政策、流程和惯例与人们真正的行为方式之间的差距"。纵观历史，人们可以忽略许多无关紧要的违规行为。但在一个高度互联的世界里，这将不再可能。"违规行为显而易见，针对性执法也公开透明，但制定更细致的规则会让我们几乎没有时间做其他事情。"

麻省理工学院教授兼作家雪莉·特克尔（Sherry Turkle）认为，数字技术和人类互动的交集将以其他方式发挥作用，影响我们抚养孩子、赡养老人、建立人际关系的方式。她表示，人们在智能手机、电话会议、虚拟空间中的联系与面对面交流毕竟还是不一样的。即使是最善解人意的机器人也无法取代人与人之间的沟通。"虽然设备让我们看起来拉近了距离，但实际上它们最终会让我们的关系愈加疏远。"更加讽刺的是，我们拥抱互联网和物联网等技术的本意是希望我们的生活变得更简单、更便捷，但结果却恰恰相反。"我们总是寄希望于科技帮助我们节省时间，但最终却要把更多的时间花在科技上，进而更加忽略了彼此。这是一个恶性循环。"

毋庸置疑，在未来十年乃至更长时间里，寻求以人性化的方式进行连接和互动的方法将成为摆在我们面前的一大挑战。越来越多的研究表明，社会上层出不穷的抑郁和不满情绪至少可以部分归因于人与人之间接触沟通的减少。当我们被更多技术和更多联网的自动化系统包围时，如何平衡我们对更新、更好事物的渴望与我们基本的情感和现实需求就成了一大难题。毕竟，说到底，无论我们拥有多少设备和机器，无论我们之间的联系有多紧密，人终究是人。

2030 年的日常生活

虽然物联网已经改变了我们的生活，但进入互联世界的旅程才刚刚起步。让我们看一看，到了 2030 年，一个典型的美国家庭如何度过他们的一天。

周一早上 7 点，玛丽·史密斯的睡衣向皮肤发出了轻微的感官提醒，她便从睡梦中醒来。几分钟后，她走进装有传感器的淋浴间，淋浴头可以自动将水温调节至合适的温度。如果在淋浴时感到水温不理想，她只需说出"升温"或"降温"，水温就会相应地调整。淋浴头连接着智能热水器，该热水器能够记录全家人的沐浴模式，并根据不同家庭成员自动调节温度。玛丽在各个房间里走动时，灯会自动亮起或熄灭。房间里的运动传感器与她的智能手机和衣服上的软件信标相结合，对她是否还在房间里做出响应，并预测她是否将离开。需要的话，传统的电灯开关也可以使用。

穿好衣服后，玛丽走下楼，咖啡机已经煮好了一杯热拿铁。房子里的传感器将数据馈送给云，云通过人工智能识别她的日常习惯，并在合适的时间为她准备好咖啡。传感器网络还会根据房间内是否有人来调节厨房和其他房间的温度。此外，该系统还能通过机器学习算法来优化房屋的供暖和制冷状态。

玛丽从冰箱里拿出一盒酸奶，智能冰箱便自动将酸奶添加到她的购物清单之中。早餐后，她向丈夫约翰和两个孩子詹姆斯、迈克尔道别，然后出门前往办公室。约翰用语音指令告诉咖啡机冲泡卡布奇诺，之后要求家务机器人亚历山大为自己和孩子们制作炒鸡蛋和土豆饼。机器人能根据智能冰箱和食品储藏室里的食材进行搭配，先把鸡蛋打到碗里，再磨碎新鲜的土豆，最后做出完美的早餐。待家人用餐后，家务机器人还会清理盘子，刷洗干净并整理收好。

玛丽是一名医生，她的通勤之路既顺利又畅快。在自动驾驶电动汽车上坐好后，她指示汽车开往医院。虽然自动驾驶汽车也配有方向盘（在罕有的特殊情况下用于手动驾驶），但绝大多数情况都无需她操作，汽车便可自动检测路况，沿着当天的最佳路线送她去上班。她看了一小会儿书，然后告诉系统播放一些舒缓的音乐，她便闭上眼睛，思考当天的工作。

几分钟后，玛丽决定半路停下来吃早餐。她用车载语音系统点了一份奶油奶酪烤百吉饼。取完食物后，车载支付系统还可以自动结账。自从有了智能城市电网，玛丽开车上班的时间比以前缩短了一半。很难相信，仅仅五年光景，技术就已突飞猛进。现在交通顺畅，几乎不会发生车辆碰撞。更重要的是，当汽车需要维修或保养时，可以趁玛丽工作的时候自己开去经销商那里完成这些事情。

到了医院，玛丽把车停在路边的登记区域，汽车就自动驶入附近的停车场找到车位停好。走进医院大门，她身上佩戴的射频识别徽章向接待员发出信号，告诉她可以准备接待第一位患者了。一到办公室，玛丽就拿起平板电脑，上面显示着患者的病历，还有一个显示其生命体征、饮食、健身、就诊同意书和其他方面数据的图表。这些数据包括血糖、心率、血压、胆固醇和体温等数值，从患者衣服上的传感器和手腕上的智能健康监测器中源源不断地传入医生的电脑。玛丽可以点击屏幕上的任何模块，深入查看更为详细的信息，比如跟踪当前流感爆发的实时流行病学数据等。

在医院里，患者佩戴的智能腕带可以跟踪监测病情，以确保治疗、用药和膳食都保持在最佳状态。如果护士用错了药，系统会在显示警告标识的同时发出提示音。患者也可使用智能眼镜、智能手表、智能手机或医院配发的平板电脑来呼叫护士、调换电视频道或订餐。护士、治疗师和技术人员可以通过MR眼镜查看X射线、超声波检查结果和药物信息等医疗数据。

各个医疗机构几乎都实现了无纸化办公。医生以电子方式将所有文件和信息传送给药房和患者。更重要的是，检查设备和医疗器械均已联网，便于医生随时找到其位置并取用。该系统还可以实时跟踪血液供应、三维生物打印器官、假肢和其他重要物品的实时状况，并及时提醒工作人员何时需要下订单。

例如，如果有患者需要安装假手指或替换肋骨，医生就可以根据需要打印。

所有这些数据帮助管理人员和医疗团队更好地了解患者的需求、行为习惯和治疗方式。如今，医疗保健系统提供了可以持续监测患者状态的智能可穿戴设备和服装，而且价格也日渐亲民。玛丽可以通过中央模块来跟踪患者，只要有人出现病情反复或需要救治的迹象，该模块就会提醒她。除此之外，分析系统能够处理持续不断传入的数据（其中也包括来自其他医疗机构的数据），以确定何时及如何对患者进行治疗，并根据具体情况确定使用哪些具体治疗手段。人工智能会审查治疗程序，并在出现轻微问题时向医生提出建议。

午餐时，玛丽用 MR 眼镜上的语音指令点餐。她可以直观地查看菜谱并下单，用智能眼镜付款后，直接到自助餐厅取餐。午休时，她打算买几件新的运动服，于是拿出智能手机，打开一家最喜欢的线上服装零售商，浏览慢跑上衣和短裤。系统向她推送各种款式和颜色。她提出选购红色耐克上衣和黑色短裤的要求，系统便立即根据她的需求筛选出适合她的款式。她先用手机上的触觉功能来感受服装的面料，再用结合 AR 技术的魔镜功能来体验试穿效果。魔镜软件可以测量她的身体围度，并将准确的尺寸发送给制造商。一旦她选定款式，只要说出"购买"指令，系统就会生成专属她的定制订单。她选择了

"次日达"配送，第二天新衣服就能送到她手上了。

吃完午饭，她收到了侄子迪伦的消息，说是要来镇上玩几天。玛丽通过手机将家里的数字钥匙发了过去。几天后，当迪伦乘坐自动驾驶的共享汽车从机场到玛丽家时，只需拿出智能手机靠近房门就可以进屋了。智能门锁还会跟踪他这几天的出入情况。等他回家后，数字钥匙将被注销，除非玛丽或约翰签发新的授权，否则他无法再次进入他们的家。

一天的工作结束后，玛丽将患者的数据都输入系统就下班回家了。她先到杂货店买了几样东西。智能眼镜向商店门口的读卡器发送认证口令，系统便对她进行身份验证。随后，她通过眼镜查看购物清单，并与智能货架完成互联。玛丽从货架上取下商品，放进可重复使用的购物袋里，买齐后便直接离开。系统自动计算出商品总额并处理付款，即时向她发送电子收据。

约翰的一天与玛丽大相径庭，但同样与网络系统息息相关。孩子们乘坐自动驾驶的共享汽车去上学后，他便开始工作。作为一家大型消费品公司的营销主管，约翰大部分时间都在家工作。他的拇指和食指之间嵌入了一枚皮下微型芯片，可以让他登录电脑，无需输入密码就可以访问网站并支付商品。他前一天晚上在平板电脑上处理的信息和文件已经同步到电脑上。事实上，他可以将这些内容从任一设备移动到另一设备，显示器展示的页面也完全相同。一切都通过本地云实时同步。

这些天，约翰只是偶尔出去应酬。视频通话早就过时了。大多数时候，他都依靠 VR 耳机在协作会议空间进行电话会议，这种会议可以营造出一种与商业伙伴坐在一个房间里交流的真实感。如果需要出门，他就选择乘坐自动驾驶的共享汽车。下单后，平台会在十分钟内派来一辆可用的汽车，并按照时间和里程收取车费。

在过去十年里，约翰的营销工作也发生了巨大的变化。现在他基本上充当了一个全自动化企业掌舵人的角色。通过个人电脑或智能手机应用程序便可查看营销水平和销售指标的实时动态。他可以检阅任意指定商铺的人工智能系统，查看系统根据现场销售和库存情况自动评估销售前景，并及时调整定价的情况。如果约翰收到提醒或发现销售额下降时，还可以指示系统发送促销代码或优惠券，不过只是定向发给那些正在浏览商品或可能购买的顾客，这些人都是基于高级人工智能和预测分析系统筛选出来的。约翰还可以通过忠实会员计划来查看用户的综合数据，实时推送新的促销活动。

约翰工作的时候，一队小型机器人设备忙着整理床铺、打扫房间、清理台面、给地板吸尘并给家里的植物浇水。中午，约翰让亚历山大做一份金枪鱼沙拉三明治，再切一个苹果，泡一杯冰茶。十分钟后，机器人给他发来了一条"午餐准备完毕"的消息。吃完午饭，约翰继续回到他的家庭办公室。这些机器人还可以作为安全系统，监控家里是否有意外状况和未经授权的事件发生。每个机器人都配备了摄像头和音频传感器，即使约翰和玛丽不在家，也能看到家里的画面，听到家里的声音。它们还具备烟雾探测功能。

等到玛丽回家时，亚历山大会根据她刚买的和食品储藏室里的其他食物为她推荐一份晚餐菜单。他们决定吃墨西哥菜奶酪玉米饼配黑豆和米饭。亚历山大很快就把美食端上了餐桌。晚饭后，约翰和玛丽用智能电视播放一部互动式浪漫喜剧。所谓互动式，就是电影的情节会根据他们情绪的变化而变化。孩子们则去游戏室玩耍。他们佩戴触觉手套和 VR 耳机参观虚拟动物园，不仅可以喂长颈鹿、感受它的舌头，还能抚摸狮子和巨型乌龟。这种感觉是完全真实的。

孩子们入睡后，约翰用一个连接到 VR 系统的小设备来体验一家新餐厅的菜品是否色香味俱全，并用语音助手预订了周五晚上的座位。之后，他发现系统里有一个排雨管堵塞的警报。不过系统已自动通知疏通公司前来处理，事后按照提前约定的价格结账即可。约翰夫妇读了一小会儿电子书，睡意来袭时便用语音指令关掉房间的灯。床品上和睡衣上的传感器会追踪他们的睡眠模式，等到第二天清晨，系统再开始慢慢调节灯光，轻柔地将他们唤醒。

显然，这个场景仍不能涵盖物联网的所有可及之处。从早到晚，约翰和玛丽可能也会使用许多其他联网的系统。他们还必须处理一些令人挠头的问题，比如设备运行异常、隐私设置问题和安全威胁等。但有一点是再清楚不过的：他们的生活将与我们今天的生活大不相同。数字技术和物联网将更深入、更广泛地融入人们的日常生活。

与设备同行

　　历史已经雄辩地证明，人类无法准确预测未来将如何发展。但可以确定的是，物联网是连接、塑造和释放数字技术的强大力量。技术的不断进步和许多领域的重叠融合，比如移动网络、机器人、传感器、增强现实、虚拟现实、机器学习、计算机视觉、自然语音接口、M2M 通信，等等，开启了一个无限互联的世界。

　　在理想状态下，物联网将丰富和改善我们的生活。联网设备和机器智能将进一步推动许多枯燥的，有时甚至是危险的工作实现自动化。它们将帮助我们更健康地生活、更舒适地睡眠，帮助我们管理体重、加强锻炼，并在必要时督促我们接受医疗护理。嵌入衣服或身体内部的传感器和其他可穿戴设备可以在心脏病或脑卒中发作之前就检测到预兆，并帮助用户配合医生采取主动救治行为，而不是等到伤害已经造成才后悔为时已晚。联网设备还将带来更安全、更先进的车辆和工业机器，甚至可能衍生出预测自然灾害和其他事件的能力。同样，我们的家庭和企业中将兴起更节能、更环保的做法。因为物联网的存在，可持续发展将变得更加可行。

在较为乌托邦式的未来愿景中，智能机器将不断学习和完善它们的算法和编码，以便为技术带来的众多共性问题寻求解决方案。例如，当黑客破坏系统时，系统可能首先检测到异常，然后去联网世界中寻找修复系统所需的数据。一旦设备成功完成任务，它就会调整其编程来阻止未来的黑客入侵和网络攻击，并与其他联网设备共享解决方案。在这种新的机器秩序中，机器人和其他设备也有可能获得类似于人类的、真实到让人信服的情感类型。

另一种观点是，物联网也有可能走向敌托邦式的未来。因为它可能带来脱离管控的技术以及助推网络犯罪和网络战争的系统，从而开启一个没有任何隐私意识的世界，并引发由于技术和信息垄断而导致的更大政治危机和社会动乱。过度监控已悄悄潜入社会。如今，机器人能在社交媒体网站上自主运行，帮助传播虚假新闻、伪造视频和荒谬的阴谋网站。研究表明，这些机器人看起来甚至往往与真人无异。另一项研究表明，三成的用户曾被机器人愚弄，误以为它们也是真人。

物联网能在某些方面让事情变得更简单，但在其他方面使其变得更加困难或更具有挑战性。如同向工业时代的过渡一样，物联网将取代越来越多的人工劳动和岗位需求，同时催生新的高技能职业。

在现实中，物联网很可能会朝着敌托邦和乌托邦之间的某个发展方向。它既会引入大量琐碎无用、很快被淘汰的设备，也会开发新的系统和方案来提高人们的生活质量和安全等级。物联网能在某些方面让事情变得更简单，但在其他方面使其变得更加困难或更具有挑战性。如同向工业时代的过渡一样，物联网将取代越来越多的人工劳动和岗位需求，同时催生新的高技能职业。一个拥有"智能系统"且高度互联的世界将给一些社会成员（尤其老年人和弱势群体）带来巨大的生存压力，但却会让其他人的生活充满活力和激情。

智能机器和网络时代已经来临。在传感器和人工智能的推动下，物联网已经达到了"智能"水平，甚至在许多情况下超越了人类的能力和认知。就像印刷机、轧棉机、电话、汽车、电脑和智能手机和其他技术的出现一样，每一次革新都是几家欢喜几家愁。但一个高度互联的世界是否真的等同于一个更加美好的世界，只有时间才能揭晓答案。

致谢

成功皆伴随着代价。第一版《物联网》大受读者欢迎，2019年底，麻省理工学院出版社的执行编辑玛丽·拉夫金·李（Marie Lufkin Lee）便找到我，商议再出第二版的事宜。我很快就发现，更新和修订本书将是一项复杂而富有挑战性的任务。世间万物的方方面面都已发生了变化，不过这也是意料之中的事情。新生事物恰恰代表了自2015年以来物联网所取得的巨大进步。第一版《物联网》问世时，人类和机器的超链接世界刚刚形成，基本标准、协议和使用案例也刚刚出现。时至今日，物联网已经成为一股强大的力量，正改变着数字技术乃至整个世界的面貌。物联网几乎触及了我们生活的每个角落。

在第二版《物联网》的成稿过程中，有一众伙伴做出了重大的贡献。首先，我要感谢美国计算机协会（Association for Computing Machinery）的编辑拉里·费舍尔（Larry Fisher）。正是因为有幸获邀成为ACM通讯的定期撰稿人，我才有机会发表一系列有趣的文章，其中大多都是关于数字技术的前沿话题。其中许多文章都与物联网联系紧密，撰写文章的同时也扩充了我的基础知识。我还要感谢我采访过的专家们，他们毫不吝惜地分享专业知识、见解和思想，许多专家讲述的内容都在本书中得以引用。在一个事实和信息日益被边缘化和忽视的世界里，聆听那些机敏睿智、见多识广的专家的观点总是令人耳目一新。

此外，如果没有团队的支持，这本书就不可能顺利完成。麻省理工学院的新闻团队是世界上极优秀的团队。除了玛丽之外，还要感谢编辑诺亚·斯普林格（Noah Springer）和伊丽莎白·格雷斯塔（Elizabeth Agresta），他们在修改手稿的过程中给予了我积极的回应和确切的帮助。同时，也要向宣传团队和麻省理工学院出版社的其他工作人员致敬，得益于他们的辛勤付出，这本书才有机会呈现在世界各国的读者眼前。还要特别感谢四位匿名审稿人，他们指出了文中的一些错误、疏忽和遗漏，并提出了一些十分中肯的建议。

最后，衷心感谢我生命中最重要的人。首先是我的伴侣帕特里夏·汉佩尔·瓦勒斯（Patricia Hampel Valles）。为了写好、编好和改好这本书，很多个夜晚和周末我都在加班。尽管疏于陪伴，但她还是包容我、理解我，万分感谢她。我还要感谢我的两个儿子埃文（Evan）和亚历克（Alec），他们审阅了各个章节，发现了一些错处，并提供了有价值的反馈。他们都是聪明的年轻人，明白数字技术是有用的工具，但有时我们也必须限制电子产品的使用。令我感到欣慰的是，在没有常见的哔哔声、叮当声和电子设备干扰的情况下，我们就技术、人类和世界进行了内容广泛且富有启发性的对话。收笔之际，我要衷心敬告读者，人与人之间的沟通才是世上最美好的联系。

词汇表

三维打印（3D 打印）

这些设备使用附加材料和计算机软件生产实际物体，经常依靠计算机辅助设计（CAD）软件来制作功能性的三维物体。

第五代移动通信技术（5G）

蜂窝网络的技术。该标准于 2019 年推出，比以前的蜂窝技术速度更快，带宽更大。5G 为 M2M 通信和更广泛的物联网提供了优势。

6LoWPAN

一个缩略词，代表低功耗无线个域网络上的 IPv6。它能充当 IEEE 802.15.4 链路上 IPv6 的适配层。该协议仅在传输速率为 250kbps 的 2.4GHz 频率范围内运行。

应用程序编程接口（API）

协议、格式、标准、工具和其他资源，供开发人员在相同环境中运行的程序之间构建互用性。

阿帕网（ARPAnet）

早期的分组交换网络，是现代互联网的基础。该网络最初由美国高级研究计划署（ARPA）资助，ARPA正是当今美国国防部高级研究计划局的前身。

算法

一套高度结构化的指令或特定程序，用于在有限步骤内完成特定的操作或任务。

人工智能

使用算法和复杂的基于规则的结构来提高计算决策能力的软件，其能力相当于或超过人类的决策水平。

辅助GPS（A-GPS）

A-GPS使用手机信号塔来增强和辅助卫星定位系统。这种方法提高了速度和性能，特别是在城市地区和卫星信号较弱的地方，效果尤为明显。

增强现实（AR）

通过在智能手机、智能眼镜或其他设备上显示的图像上叠加显示文本或图案来增强现实体验的技术。

自动驾驶汽车

配备了传感器、处理器等其他技术、由计算机控制的汽车，可以在无需人类辅助的情况下自动驾驶。

大数据

依托大而广的数据集和分析技术，便能以更深入且更有效的方式了解事件、趋势和活动。

区块链

一种分布式数字账本系统，当数据通过不同的设备、系统和网络时，它可以跟踪和验证数据的完整性。

蓝牙

短距离（大约10米）无线数字通信的开源标准。该射频技术允许设备传输数字音频、视频、文本和信号，例如从无线键盘到平板设备，并创建个人局域网（PAN）。物联网领域常用版本是低功耗蓝牙（BLE），它可以显著降低功耗。

云计算

使用远程服务器、存储设备和其他计算工具来提供服务的技术，比如软件运营服务和基础设施即服务。

计算机视觉

一种利用传感器、人工智能和计算机处理来模拟人类视觉，捕捉和理解现实世界的技术。计算机视觉主要用于摄像系统以及车辆和机器人等自动驾驶机器。

联网设备

通过网络（如互联网）相互连接的各种工业机器和个人设备。

情境感知

机器或设备识别环境因素、用户行为和其他数据以确定在特定情况或时刻如何运行的能力。例如，智能手机能够调整耳机音量或屏幕亮度，以适应特定情况下的噪音或光线环境。

众包

一种允许多人输入的系统。它可以用于多种需求，包括绘制趋势图、挖掘创意、开发产品、投票、微任务、募集资金等。

深度学习

这种人工智能方法运用深度人工神经网络，模拟人类大脑运作的方式，解决复杂计算问题。

DevOps

将软件开发（Dev）和 IT 运营（Ops）相结合的实践，旨在缩短开发生命周期，并提供高质量的连续、快捷交付。

数字助理

用作计算机和物联网功能语音接口的一种服务，如亚马逊的 Alexa、苹果的 Siri。该系统使用人工智能来适应自然语言处理。

数字孪生

基于物联网数据，由计算机生成的现实世界副本，用于模拟设备或机器在其整个生命周期中的运行模式。

边缘人工智能

一种将处理和其他计算功能推送到传统数据中心或云平台之外设备的方法。边缘人工智能帮助物联网设备更智能、更快速地运行。

边缘网络

位于集中式网络外围的网络。边缘网络连接到位于中心或核心网络之外的物联网设备。

加密

对敏感数据或信息进行混乱处理，除了发送者和预期接收者以外的任何人都无法读取。加密软件使用一系列数学公式来锁定和解锁文本和其他数据。

以太网

基于 802.3 标准，允许数据通过电缆（通常在局域网上）传输的计算机网络协议。

雾网络

使用一个或多个终端用户客户端或近用户边缘设备来管理存储（而不是主要在云数据中心存储数据）的架构。

第四次工业革命（IR4）

世界经济论坛执行主席克劳斯·施瓦布（Klaus Schwab）于 2015 年提出了这个概念。它指的是技术发展的第四个关键时期，最终会实现数字系统、生物框架和物联网的融合。

定位

使用特定坐标来识别物体的特定位置。地理定位使用卫星、蜂窝技术、Wi-Fi 和其他系统来提供具体或大致的位置信息。

全球定位系统（GPS）

一种利用太空卫星精确定位地面物体的系统，其定位范围包括车辆、智能手机和其他计算设备等。

家庭自动化

支持网络连接系统的框架，可涵盖电器、娱乐系统、照明、气候控制和安全门禁等。通常，该系统具有控制中心、集线器或网关，并使用 Apple HomeKit 或 Amazon Echo/Alexa 等操作平台。

人机通信（H2M）

人与计算设备之间的交互，通常使用键盘、鼠标、触摸屏和语音控制来操作。

工业物联网（IIoT）

在工业或商业环境中使用联网机器、软件、数据、分析和无线技术来引入机器和人之间的通信。

Insteon

一种家庭自动化技术，使用集成的双支网络将无线射频（RF）和建筑物现有的电网结合起来。

互联网

一种通过公共网络将计算机和其他设备相互连接的基础设施。今天，互联网是一个使用 TCP/IP 协议套件和域名系统（DNS）为每个设备提供唯一地址的全球网络。

万物互联（IoE）

思科系统公司创造的一个术语，用来描述包括物联网在内的所有连接系统的总和。

互联网协议（IP）

用于互联网网络标准的一种通信协议。它允许计算机处理分组交换、路由、寻址和其他功能。

IPv6

最新版本的互联网协议（IP），用作数字系统和设备的识别和定位系统，以便它们可以通过互联网进行通信。

光探测与测距（激光雷达）

激光雷达系统从周围物体反射数百万束光，以感知与周围空间的关系。这项技术被广泛应用于机器人和自动驾驶汽车领域。

局域网（LAN）

在同一地点、通过电缆或无线系统使用公共协议进行实时通信的一组联网设备，包括计算机和外围设备，如扫描仪和打印机等。

低功率广域网（LPWAN）

一种在传感器和设备之间建立低功率远程无线通信框架的技术。

机器学习（ML）

机器学习使用建立在数学模型上的计算机算法，通过使用"样本"或"训练"数据，随着时间推移不断改进结果。机器学习是人工智能的一个子集。

机器对机器通信（M2M）

允许计算设备和其他机器在没有人类参与的情况下，通过软件交换信息和执行操作的系统。

多媒体讯息服务（MMS）

一种消息传递标准，允许发送者编辑超过 160 个字符的消息。这种格式既可以包含文字，也可以容纳照片、视频和其他图像。

纳米技术

在原子、分子和超分子尺度上操纵和管理过程的系统。

自然语言处理（NLP）

NLP 支持计算机识别人类语言并据此采取行动，该领域包括语言学、计算机科学和人工智能。像 Alexa 和 Siri 这样的智能助手都使用 NLP 作为界面。

NB2

一种无线蜂窝低功耗广域连接协议，用于各种跨技术和跨平台的物联网机器通信。

近场通信（NFC）

一种无线通信技术，允许带有 NFC 芯片的物体和计算设备在没有或少量人为干预的情况下交换数据，最大覆盖距离为 4 厘米。

开放系统互连（OSI）

支持设备和系统进行互联的概念框架和逻辑布局框架，包含七个功能层。

个人局域网（PAN）

在个人空间范围内用于连接多个电子设备的网络。PAN可以结合多种技术。

个人数字助理（PDA）

一种手持计算设备，允许用户输入文本、图画和其他数据（比如利用照相机或条形码阅读器采集信息）。过去的PalmPilot等设备就是个人数字助理，但由于智能手机的广泛使用，这些设备基本上已经被淘汰了。

预测分析

包括使用机器学习系统在内，用于分析数据并对下一步行为和行动做出预测的软件。

快速响应（QR）码

一种二维码，可以用智能手机和其他设备读取该条形码，引导用户访问应用程序或网站，以获取有关产品或服务的更多信息。

无线射频识别（RFID）

一种无线技术，使用无源（无电源）或有源（有电源）电子标签（集成电路）和带天线的读取器来识别物体，并将有关物体状况或位置的数据传输给计算机。RFID 标签携带的数据范围既包括简单的信息又包括复杂的指令。

实时定位系统（RTLS）

使用射频（RF）标签进行连续自动跟踪的系统。相比之下，RFID 标签只有在读写器经过固定点时才会被读取。

传感器

一种检测周围环境变化情况的装置，也称为换能器。传感器添加了许多功能，能够与智能手机和其他计算机进行通信。

智能手机

一种集成了精密传感器和各种数字计算能力的移动电话，搭载了摄像头、GPS 和电子数据交换等技术。

短信服务（SMS）

一种消息传递协议，允许移动电话之间发送最多一百六十个字符的文本消息。该标准于 1985 年确定，并于 1992 年投放市场。

平板电脑

一种多媒体计算设备，如苹果公司的 iPad，具有液晶触摸屏，可以通过无线、蜂窝或两者兼有的方式连接互联网。

遥测

通过先进的电信功能，实现 M2M 通信以及与计算机和其他系统交换数据的能力。

太赫兹网络

一种通信技术，也被称为亚毫米辐射，可在 0.3 到 3 太赫兹（THz）的频谱范围内传输数据。它大约是当今无线网络速度的一千倍，并增加了复杂的传感功能，目前用于卫星和回程电视广播，未来最终将成为互联网和物联网的一部分。

唯一识别码（UIN）

分配给设备的唯一编号，以便在物联网上识别特定设备。也被称为通用唯一识别码，是一个一百二十八位的数字，用于标识计算设备。

无人驾驶飞行器（UAV）

无需机组人员就能执行飞行任务的飞行器，通常由人远程操作。这些机器，通常被称为无人机，现在用于战斗和商业应用，也受到许多业余爱好者的青睐。

通用即插即用（UPnP）

由开放连接基金会管理的一组网络协议，允许联网设备在网络上发现彼此的存在，并建立用于数据共享、通信和娱乐的功能性网络服务。

可穿戴计算技术

对可穿戴计算设备（包括眼镜或护目镜、服装、腕带和手表、鞋子等物品）进行操作的技术。这些物品可以通过内置传感器和通信系统与智能手机和其他电脑交换数据。

Wi-Fi

基于 IEEE 802.11 标准的无线网络技术。Wi-Fi 与以太网互连，被企业和消费者广泛使用。

无线个域网（WPAN）

将智能手机、平板电脑、可穿戴设备和其他设备等电子设备在有限区域内（如工作空间）相互连接的计算机网络。

无线保护访问 2（WPA2）

网络安全技术，通常用于 Wi-Fi 无线网络对数据进行加密，替代了旧的和不太安全的无线等效保密（WEP）协议。

ZigBee

一种用途广泛的 2.4GHz 无线芯片技术，支持三十米范围内的设备到设备通信。

Z-Wave

美国的 908MHz 无线芯片技术（即欧盟的 868.42MHz），广泛用于家庭自动化。它支持一百米范围内的设备对设备通信。

参考文献

第一章

1. Martin Bryant, "20 Years Ago Today, the World Wide Web Opened to the Public," The Next Web, August 6, 2011. https://thenextweb.com/insider/2011/08/06/20-years-ago-today-the-world-wide-web-opened-to-the-public/.

2. "Tim Berners-Lee," *Encyclopedia Britannica*, https://www.britannica.com/biography/Tim-Berners-Lee.

3. "A Brief History of NSF and the Internet," National Science Foundation, https://www.nsf.gov/news/news_summ.jsp?cntn_id=103050

4. J. Clement, "Percentage of Households in the United States in 2017," Statista, December 3, 2019, https://www.statista.com/statistics/185602/broadband-and-dial-up-internet-connection-usage-in-the-us/.

5. "ETC: Bill Joy's Six Webs," *MIT Technology Review*, September 29, 2005,https://www.technologyreview.com/2005/09/29/230292/etc-bill-joys-six-webs.

6. Kevin Ashton, "That 'Internet of Things' Thing," *RFID Journal*, June 22, 2009, http://www.rfidjournal.com/articles/view?4986.

7. Statista Research Department, "Internet of Things (IoT) Connected Devices Installed Worldwide from 2015 to 2025," Statista, November 27, 2016, https://www.statista.com/statistics/471264/iot-number-of-connected-devices-worldwide/.

8. Kevin Ashton, "That 'Internet of Things' Thing," *RFID Journal*, June 22, 2009, https://www.rfidjournal.com/that-internet-of-things-thing.

9. Hugo Martín, "Airports Are Testing Thermal Cameras and Other Technology to Screen Travelers for COVID-19," *Los Angeles Times*, May 13, 2020, https://www.latimes.com/business/story/2020-05-13/airports-test-technology-screen-covid-19.

10. Samuel Greengard, "Chip Implants Get Real," *Communications of the ACM*, October 23, 2018, https://cacm.acm.org/news/232099-chip-implants-get-real/fulltext.

11. Jon Russell, "Chinese Police are Using Smart Glasses to Identify Potential Suspects," *TechCrunch*, February 8, 2018, https://techcrunch.com/2018/02/08/chinese-police-are-getting-smart-glasses/.

12. James Titcomb, "IBM Criticized for Collecting Social Media Photos for Facial Recognition Research," *Telegraph*, March 12, 2019, https://www.telegraph.co.uk/technology/2019/03/12/ibm-criticised-collecting-social-media-photos-facial-recognition/.

第二章

1. J. Clement, "Percentage of Households in the United States in 2017, by Internet Subscription," Statista, December 3, 2019, https://www.statista.com/statistics/185602/broadband-and-dial-up-internet-connection-usage-in-the-us/.

2. David Grossman, "How Do NASA's Apollo Computers Stack Up to an iPhone?" *Popular Mechanics*, March 13, 2017, https://www.popularmechanics.com/space/moon-mars/a25655/nasa-computer-iphone-comparison/

3. Statista Research Team ,"Internet of Things (IoT) Connected Devices I nstalled Worldwide from 2015 to 2025," Statista, November 27, 2016, https://www.statista.com/statistics/471264/iot-number-of-connected-devices-worldwide/.

4. "Kyocera 7135 Smartphone Makes U.S. Retail Debut with Alltel," Kyocera, December 19, 2002, https://americas.kyocera.com/press-releases/press-releases_20150319437.htm.

5. "Apple iPhone," Gadgets 360, https://gadgets.ndtv.com/apple-iphone-761.

6. "Apple Sells One Millionth iPhone," Apple, September 10, 2007, https://www.apple.com/newsroom/2007/09/10Apple-Sells-One-Millionth-iPhone/.

7. Nicholas Carr, http://www.nicholascarr.com/?page_id=21.

8. SAS, "Advantages of Computer Vision," 2019, https://www.sas.com/content/dam/SAS/documents/infographics/2019/en-computer-vision-110208.pdf.

9. SAS, "Advantages of Computer Vision."

10. "The Internet of Robotic Things (IoRT): definition, market and examples," i-Scoop, https://www.i-scoop.eu/internet-of-things-guide/internet-robotic-things-iort/.

11. Hong-Ning Dai, Zibin Zheng, and Yan Zhang, "Blockchain for Internet of Things: A Survey," *IEEEXplore* 6, no. 5 (October 2019), https://doi.org/10.0.4.85/JIOT.2019.2920987.

12. "How IoT and Blockchain Protect Direct-Drinking Water in Schools," *IEEE Internet of Things Magazine* 2, no. 4 (December 2019): 2–4,https://doi.

org/10.1109/MIOT.2019.8982735.

13. Jeff Howe, "The Rise of Crowdsourcing," *Wired*, June 1, 2006, https://www.wired.com/2006/06/crowds/.

14. HealthMap, https://www.healthmap.org/en/.

15. Sintia Radu, "How AI Tracks the Coronavirus Spread," *US News & World Report*, March 11, 2020, https://www.usnews.com/news/best-countries/articles/2020-03-11/how-scientists-are-using-artificial-intelligence-to-track-the-coronavirus.

16. Flu Near You, https://flunearyou.org/.

17. Sarah Boden, "Smart Thermometer Gives Insight to COVID Illness Trends," WESA/NPR, April 27, 2020, https://www.wesa.fm/post/smart-thermometer-gives-insight-covid-illness-trends

18. Mark T. Riccardi, "The Power of Crowdsourcing in Disaster Response Operations," *International Journal of Disaster Risk* Reduction 20 (December 2016):123–128, https://doi.org/10.1016/j.ijdrr.2016.11.001.

第三章

1. Dash7 Alliance, https://dash7-alliance.org.

2. Susha Cheriyedath, "What is Lab-on-a-Chip?" AZO Life Sciences, last updated October 1, 2020, https://www.azolifesciences.com/article/What-is-Lab-on-a-Chip.aspx.

3. "Lab-on-a-Chip' Technology Accurately Detects Early and Advanced Breast Cancer," AZO Life Sciences, June 11, 2020, https://www.azolifesciences.com/news/20200611/Lab-on-a-chip-technology-accurately-detects-early-and-advanced-breast-cancer.aspx.

4. "Food Freshness Sensors Could Replace 'Use-By'Dates to Cut Food Waste," ScienceDaily, June 5, 2019, https://www.sciencedaily.com/releases/2019/06/190605100401.htm.

5. "McDevitt Lab Update," McDevitt Research Group: Research, http://dental.nyu.edu/faculty/biomaterials/mcdevitt-research-group.html.

6. "Qualcomm Announces World's Most Power-Efficient NB2 IoT Chipset," Qualcomm, April 16, 2020, https://www.qualcomm.com/news/releases/2020/04/16/qualcomm-announces-worlds-most-power-efficient-nb2-iot-chipset.

7. Author interview with Ken Busch, May 24, 2020.

8. Author interview with Amit Lal, April 2, 2020.

9. Author interview with Adam Stieg, January 27, 2020.

10. Author interview with Mahadev Satyanarayanan, March 30, 2020.

11. Adam Clark Estes, "Don't Buy Anyone a Ring Camera," Gizmodo UK, November 29, 2019, https://www.gizmodo.co.uk/2019/11/dont-buy-anyone-a-ring-camera/.

12. "Introducing 5G Technology and Networks (Definition, Use Cases and Rollout)," Thales, https://www.thalesgroup.com/en/markets/digital-identity-and-security/mobile/inspired/5G.

13. Mohammed El-hajj, Ahmad Fadlallah, Maroun Chamoun, and Ahmed Serhrouchni, "A Survey of Internet of Things (IoT) Authentication Schemes," Sensors 19 (2019): 1141, https://doi.org/10.3390/s19051141.

14. "Data Never Sleeps 7.0," Domo, https://www.domo.com/learn/data-never-sleeps-7.

15. Richard B. Alley, Kerry A. Emanuel, and Fuqing Zhang, "Advances in

Weather Prediction," *Science*, January 25, 2019, https://doi.org/10.1126/science.aav7274.

16. Joao Lima, "10 of the Biggest IoT Data Generators," *Computer Business Review*, May 28, 2015, https://www.cbronline.com/news/internet-of-things/10-of-the-biggest-iot-data-generators-4586937.

17. "5 Ways IoT Is Reinventing Businesses Today," *Forbes Insights*, April 24, 2018, https://www.forbes.com/sites/insights-inteliot/2018/08/24/5-ways-iot-is-reinventing-businesses-today/#280ffdb11c20.

第四章

1. "How Many Electrical Outlets Exist in the United States? Or How Should I Calculate This?" Quora, https://www.quora.com/How-many-electrical-outlets-exist-in-the-United-States-Or-how-should-I-calculate-this.

2. Brent Heslop, "By 2030, Each Person Will Own 15 Connected Devices—Here's What That Means for Your Business and Content," MTA Martech Advisor, March 4, 2019, https://www.martechadvisor.com/articles/iot/by-2030-each-person-will-own-15-connected-devices-heres-what-that-means-for-your-business-and-content/.

3. Frank Olito, "The Rise and Fall of Blockbuster," Business Insider, January 16, 2020, https://www.businessinsider.com/rise-and-fall-of-blockbuster.

4. "What is X10?" Smarthome, https://www.smarthome.com/sc-what-is-x10-home-automation.

5. Z-Wave, https://www.z-wave.com/shop-z-wave-smart-home-products.

6. Zigbee Alliance, https://zigbeealliance.org/why-zigbee/.

7. Insteon, https://www.insteon.com.

8. Eric Blank, "How Much Cash Will a Smart Thermostat Save You?" The Smart Cave, 2016, https://thesmartcave.com/smart-thermostat-money-savings/.

9. "The Benefits, Challenges, and Potential Roles for the Government in Fostering the Advancement of the Internet of Things," US National Telecommunications and Information Administration, June, 2, 2016, https://www.ntia.doc.gov/files/ntia/publications/internet_association_internet_of_things_comment_-_final-2.pdf.

10. "Electrocardiogram (EKG/ECG)," MD Save, https://www.mdsave.com/procedures/electrocardiogram-ekg-ecg/d182ff.

11. Sarah Mitroff, "Apple Research App: How to Join an Apple Health Study," CNET, November 14, 2019, https://www.cnet.com/how-to/how-to-participate-in-an-apple-health-study/.

12. "NIH Partners with Apple and Harvard University on Women's HealthStudy," US National Institutes of Health, September 10, 2019, https://www.nih.gov/news-events/news-releases/nih-partners-apple-harvard-university-womens-health-study.

13. "Apple Heart and Movement Study," American Heart Association, https://www.heart.org/en/get-involved/apple-heart-and-movement-study.

14. "U-M Researcher Partners with Apple to Study How Noise Exposure Impacts Hearing," Michigan News, University of Michigan, https://news.umich.edu/u-m-researcher-partners-with-apple-to-study-how-noise-exposure-impacts-hearing/.

15. Bloomlife, https://bloomlife.com.

16. Pilleve, https://www.pilleve.com/how-we-work-2.

17. Wake Forest Institute for Regenerative Medicine (WFIRM), https://school.

wakehealth.edu/Research/Institutes-and-Centers/Wake-Forest-Institute-for-Regenerative-Medicine.

18. Organovo, https://organovo.com/about/.

19. "Your Hop Card is Now Your Phone," TriMet, https://trimet.org/applepay/.

20. Stephen Edelstein, "Honda Dream Drive lets drivers buy stuff directly from their dashboard display," *Digital Trends*, January 9, 2019, https://www.digitaltrends.com/cars/honda-dream-drive-ces-2019/.

21. Waymo, https://waymo.com/journey/.

22. Honeycomb Lidar, Waymo, https://waymo.com/lidar/.

23. Stephen Edelstein, "Electric Volvo XC90 Will Likely Offer Optional Autonomous Highway Driving," *Green Car Reports,* May 7, 2020, https://www.greencarreports.com/news/1128074_electric-volvo-xc90-will-likely-offer-optional-fully-autonomous-highway-driving.

24. "More Than 90% of Crashes Caused by Human Error," National Safety Council, https://www.nsc.org/road-safety/safety-topics.

25. Jeff McMahon, "Big Fuel Savings from Autonomous Vehicles," *Forbes*, April 17, 2017, https://www.forbes.com/sites/jeffmcmahon/2017/04/17/big-fuel-savings-from-autonomous-vehicles/.

26. Rebecca Borison, "Golden State Warriors Enhance Game Day with Beacon Technology," *Retail Dive*, 2017, https://www.retaildive.com/ex/mobilecommercedaily/golden-state-warriors-enhance-game-day-with-beacon-technology.

27. Rachel England, "Amazon's Checkout-Free Tech Is Heading to Other Retailers," *Engadget*, March 9, 2020, https://www.engadget.com/2020-03-09-amazon-checkout-free-technology-business-just-walk-out.html.

28. "Kroger and Microsoft Partner to Redefine the Customer Experience and Introduce Digital Solutions for the Retail Industry," Microsoft News Center, January 7, 2019, https://news.microsoft.com/2019/01/07/kroger-and-microsoft-partner-to-redefine-customer-experience-introduce-digital-solutions-for-retail-industry/.

29. "FAQ," MTailor, https://www.mtailor.com/wf/faq.

第五章

1. "2019 IoT Survey: Speed Operations, Strengthen Relationships and Drive What's Next," PWC, 2019, https://www.pwc.com/us/en/services/consulting/technology/emerging-technology/iot-pov.html.

2. Bernard Marr, "What is Industry 4.0? Here's A Super Easy Explanation for Anyone," *Forbes*, September 2, 2018, https://www.forbes.com/sites/bernardmarr/2018/09/02/what-is-industry-4-0-heres-a-super-easy-explanation-for-anyone/.

3. E. Manavalan and K. Jayakrishna, "A review of Internet of Things (IoT) embedded sustainable supply chain for industry 4.0 requirements." *Computers & Industrial Engineering* 127 (January 2019): 925–953.https://www.sciencedirect.com/science/article/abs/pii/S0360835218305709#!.

4. Author interview with Murat Sömez, World Economic Forum, April 27, 2017.

5. Author interview with Michael Grieves, May 10, 2019.

6. Phil Goldstein, "Digital Twin Technology: What Is a Digital Twin, and How Can Agencies Use It?" F*edTech Magazine*, January 31, 2019, https://fedtechmagazine.com/article/2019/01/digital-twin-technology-what-digital-

twin-and-how-can-agencies-use-it-perfcon.

7. GE Renewable Energy, "Meet the Digital Wind Farm," https://www.ge.com/renewableenergy/stories/meet-the-digital-wind-farm.

8. Aditya Kishore, "Boeing: Productive VR Cuts Training Time by 75%," Light Reading, June 16, 2017, https://www.lightreading.com/video/video-services/boeing-productive-vr-cuts-training-time-by-75-/d/d-id/733756.

9. Catherine Clifford, "Look Inside the Hospital in China Where Coronavirus Patients Were Treated by Robots," CNBC, March 23, 2020, https://www.cnbc.com/2020/03/23/video-hospital-in-china-where-covid-19-patients-treated-by-robots.html.

10. "Smart Hard Hats the Next Trend in Construction Safety," Sourceable, March 22, 2016, https://sourceable.net/smart-hard-hats-next-trend-construction-safety/.

11. Kelly Hodgkins, "Virginia Tech has developed a smart safety vest thatalerts road workers before a collision occurs." Digital Trends, September 8,2015, https://www.digitaltrends.com/cool-tech/connected-safety-vest/.

12. "How Rolls-RoyceMaintains Jet Engines with the IoT," RT Insights, October 11, 2016, https://www.rtinsights.com/rolls-royce-jet-engine-maintenance-iot/#.

13. Gartner, "Why and How to Value Your Information as an Asset," September 3, 2015, https://www.gartner.com/smarterwithgartner/why-and-how-to-value-your-information-as-an-asset/.

14. "Data as Currency: What Value Are You Getting?" Knowledge@Warton, University of Pennsylvania, August 27, 2019, https://knowledge.wharton.upenn.edu/article/barrett-data-as-currency/.

15. David Reinsel, John Gantz and John Rydning, "The Digitization of the World from Edge to Core," IDC and Seagate, November 2018, https://www.seagate.com/files/www-content/our-story/trends/files/idc-seagate-dataage-whitepaper.pdf.

16. "IoT Applications in Agriculture," IoT for All, January 3, 2020, https://www.iotforall.com/iot-applications-in-agriculture/.

17. ShakeAlert, https://www.shakealert.org/; https://www.researchgate.net /publication/306253126_Earthquake_Early_Warning_System_by_IOT_using_Wireless_Sensor_Networks.

18. "Lamborghini shifts gears into smart manufacturing's fast lane," KPMG, November 2018, https://home.kpmg/xx/en/home/insights/2018/11/industry-4-0-case-studies.html.

19. "Kurzweil Claims That the Singularity Will Happen by 2045," Futurism.com, October 5, 2017, https://futurism.com/kurzweil-claims-that-the-singularity-will-happen-by-2045.

20. Carlo Puliafito, Enzo Mingozzi Enzo Mingozzi, Francesco Longo, Antonio Puliafito, and Omer F. Rana, "Fog Computing for the Internet of Things: A Survey," *ACM Transactions on Internet Technology*, April 2019, https://dl.acm.org/doi/abs/10.1145/3301443.

21. DoRIoT, http://www.doriot.net.

第六章

1. Shiho Takezawa, Tsuyoshi Inajima, and Siddharth Vikram Philip, "Honda Halts Output at Some Plants after Cyberattack," Bloomberg, June 9, 2020,https://www.bloomberg.com/news/articles/2020-06-09/honda-suspends-

vehicle-shipments-after-suspected-cyberattack.

2. "Norsk Hydro Switches Its Operations to Manual Mode after Lockergoga Ransomware Attack," Cyware Social, March 20, 2019, https://cyware.com/ news/norsk-hydro-switches-its-operations-to-manual-mode-after-lockergoga-ransomware-attack-dd059924.

3. Sarah Repucci, "Media Freedom: A Downward Spiral," Freedom House, 2019, https://freedomhouse.org/report/freedom-and-media/2019/media-freedom-downward-spiral.

4. Author interview with Roya Ensafi, December 9, 2019.

5. Alastair Jamieson, "AirAsia Crash Report Blames Computer Failure, Pilot Response," NBC News, December 1, 2015, https://www.nbcnews.com / storyline/airasia-plane-crash/airasia-crash-report-blames-computer-failure-pilot-response-n471831.

6. Megan Elliott, "AirAsia QZ8501 Crash: Final Report Points to Faulty Component, Crew Action," *Flying Magazine*, December 2, 2015, https://www. flyingmag.com/technique/accidents/airasia-qz8501-crash-final-report-points-faulty-component-crew-action/.

7. Matt Hosford, Lauren Effron, and Nikki Battiste, "Air France Flight 447 Crash 'Didn't Have to Happen,' Expert Says," ABC News, July 5, 2012, https:// abcnews.go.com/Blotter/air-france-flight-447-crash-didnt-happen-expert/story?id=16717404.

8. Author interview with Don Norman, December 3, 2009.

9. Samuel Greengard, "Making Automation Work," *Communications of the ACM*, December 2009, https://cacm.acm.org/magazines/2009/12/52831-making-automation-work/fulltext.

10. Aylin Caliskan, Joanna J. Bryson, and Arvind Narayan, "Semantics Derived Automatically from Language Corpora Contain Human-Like Biases," *Science*, April 14, 2017, https://science.sciencemag.org/content/356/6334/183.full.

11. "The Next Apple Watch Could Be a Powerful COVID-19 Early Warning System," *Fast Company,* May 4, 2020, https://www.fastcompany.com/90499023/the-next-apple-watch-could-be-a-powerful-covid-19-early-warning-system.

12. "ECG Feature in Apple Watch Is Already Saving Lives," *AppleInsider*, 2019, https://appleinsider.com/articles/18/12/07/ecg-feature-in-apple-watch -is-already-saving-lives.

13. Pew Research Center, "The Gurus Speak," Internet & American Life Project, May 14, 2014, http://www.pewinternet.org/2014/05/14/the-gurus-speak-2/.

14. Pew Research Center, "Digital Divide Persists Even As Lower-Income Americans Make Gains in Tech Adoption," May 7, 2019, https://www.pewresearch.org/fact-tank/2019/05/07/digital-divide-persists-even-as-lower-income-americans-make-gains-in-tech-adoption/.

15. Mark Muro, Robert Maxim, and James Whiton, "Automation and ArtificialIntelligence: How Machines Are Affecting People and Places," Brookings Institute,January 29, 2019, https://www.brookings.edu/research/automation-and-artificial-intelligence-how-machines-affect-people-and-places/.

16. Sam Dean, "The New Burger Chef Makes $3 an Hour and Never GoesHome. (It's a Robot)," *Los Angeles Times*, February 27, 2020, https://www.latimes.com/business/technology/story/2020-02-27/flippy-fast-food-restaurant-robot-arm.

17. Samuel Greengard, "Meet the Uninfectables," *Communications of the ACM*, May 19, 2020, https://cacm.acm.org/news/245058-meet-the-uninfectables/fulltext.

18. World Bank, "The World Development Report 2016," https://www.world bank.org/en/publication/wdr2016/about.

19. Author interview with Sherry Turkle via email, May 24, 2011.

20. Pew Research Center, "How Teens Do Research in the Digital World," Internet & American Life Project, November 1, 2012, http://www.pewinternet. org/2012/11/01/how-teens-do-research-in-the-digital-world/.

21. "Is Technology Producing a Decline in Critical Thinking and Analysis?" UCLA Newsroom, January 27, 2009, http://newsroom.ucla.edu/releases/ istechnology-producing-a-decline-79127.

22. Matt Miczulski, "60% of Americans Have Been a Victim of Fraud, Are You Putting Yourself at Risk Too?" *Finance Buzz*, March 18, 2020, https:// financebuzz.com/identity-theft-survey.

23. Eur-Lex, https://eur-lex.europa.eu/eli/reg/2016/679/oj.

24. California Legislative Information, https://leginfo.legislature.ca.gov /faces/ billTextClient.xhtml?bill_id=201720180AB375.

25. California Legislative Information, https://www.clarip.com/data-privacy/ california-consumer-privacy-act-fines/.

26. "Facial Recognition Systems Show Rampant Racial Bias, Government Study Finds," CNN, December 19, 2019.

27. Josh Chin, "Chinese Police Add Facial-Recognition Glasses to Surveillance Arsenal," *Wall Street Journal*, February 7, 2018, https://www.wsj.com/articles / chinese-police-go-robocop-with-facial-recognition-glasses-1518004353.

28. He Huifeng, "How Does China's Social Credit System Work?" *China Morning Post*, February 18, 2019, https://www.scmp.com/economy/china-economy/article/2186606/chinas-social-credit-system-shows-its-teeth-banning-millions.

29. Huifeng, "How Does China's Social Credit System Work?"

30. *Cyberlaw Review*, 2014.

31. Jack Date, "Texas Man Sentenced in 3D-Printed Gun Case, Had 'Hit List' of US Lawmakers," ABC News, February 14, 2019, https://abcnews.go.com/Politics/texas-man-sentenced-3d-printed-gun-case/story?id=60914980.

32. "You Could Soon Be Manufacturing Your Own Drugs—Thanks to 3D Printing," Science, January 18, 2018, https://www.sciencemag.org/news/2018/01/you-could-soon-be-manufacturing-your-own-drugs-thanks-3d-printing.

33. Matt Satell, "33 Eye-Opening Stats about Drones for 2020." Philly by Air (blog), March 12, 2019, https://www.phillybyair.com/blog/drone-stats/.

34. Benjamin Shepardson, "Swarm Bot Series Part One: Here's What Bees Are Teaching Us about the Future of IoT," IoT for All, December 10, 2019, https://www.iotforall.com/swarm-robots-and-the-iot-and-iiot/.

35. Evan Ackerman, "What CMU's Snake Robot Team Learned While Searching for Mexican Earthquake Survivors," *IEEE Spectrum*, October 13, 2017.

36. "RoboBees: Autonomous Flying Microrobots," Wyss Institute, Harvard University. https://wyss.harvard.edu/technology/robobees-autonomous-flying-microrobots/.

37. Marc Goodman, "A Vision of Crime in the Future," TED Talk, July 12, 2012, YouTube video, 19:25, https://www.youtube.com/watch?v=-E97Kgi0sR4.

38. Author interview with Peter Asaro, January 13, 2020.

39. Author interview with Moshe Vardi, January 12, 2020.

第七章

1. BreezoMeter, https://breezometer.com.

2. Urvaksh Karkaria, "BMW Camera Keeps an Eye on the Driver," Automotive News, October 1, 2018, https://www.autonews.com/article/20181001/OEM06/181009966/bmw-camera-keeps-an-eye-on-the-driver.

3. World Health Organization, "Road Safety," https://www.who.int/gho/road_safety/mortality/traffic_deaths_number/en/.

4. Erik Robinson, "Ventilators Available with the Flip of a Switch," OHSU Newsroom, April 24, 2020, https://news.ohsu.edu/2020/04/24/ventilators-available-with-the-flip-of-a-switch.

5. BCN3D, "Here to Help: 3D Printing at BCN3D to Change the Face of the Global Covid-19 Pandemic," https://www.bcn3d.com/here-to-help-3d-printing-to-change-the-covid-19-pandemic/.

6. Centers for Disease Control and Prevention, "Number of Americans with Diabetes Projected to Double or Triple by 2050," CDC Newsroom, October 22, 2010, https://www.cdc.gov/media/pressrel/2010/r101022.html.

7. Centers for Disease Control and Prevention, "Heart Disease Facts," https://www.cdc.gov/heartdisease/facts.htm.

8. Pew Research Center, "The Gurus Speak," Internet & American Life Project, May 14, 2014, http://www.pewinternet.org/2014/05/14/the-gurus-speak-2/.

9. Ericsson, "10 Hot Consumer Trends 2030," https://www.ericsson.com/en/reports-and-papers/consumerlab/reports/10-hot-consumer-trends-2030.

10. Pew Research Center, "The Gurus Speak."

11. Pew Research Center, "The Gurus Speak."

12. Author interview with Sherry Turkle via email, May 24, 2011.

13. Huma Shah and Kevin Warwick, "How the 'Good Life' Is Threatened in Cyberspace," University of Reading, https://www.academia.edu/2380537/How_the_Good_Life_is_Threatened_in_Cyberspace.

14. "The Internet of Things in the Year 2030," Infineon, last updated October 2017, https://www.infineon.com/cms/en/discoveries/internet-of-things-2030/.

延伸阅读

Abbate, Janet. *Inventing the Internet*. The MIT Press, 2000.

Armstrong, Stuart. *Smarter Than Us: The Rise of Machine Intelligence*. Machine Intelligence Research Institute, 2014.

Balani, Navveen. Enterprise IoT. CreateSpace Independent Publishing Platform; 4 edition (July 25, 2016).

Bardini, Thierry. *Bootstrapping: Douglas Engelbart, Coevolution, and the Origins of Personal Computing*. Stanford University Press, 2000.

Bauerlein, Mark. *The Digital Divide: Arguments for and against Facebook, Google, Texting, and the Age of Social Networking*. Tarcher, 2011.

Berners-Lee, *Tim. Weaving the Web: The Original Design and Ultimate Destiny of the World Wide Web*. HarperBusiness, 2000.

Beyer, Kurt. *Grace Hopper and the Invention of the Information Age*. The MIT Press, 2009.

Bostom, Nick, *Superintelligence: Paths, Dangers, Strategies*. Oxford University Press, 2014.

Brynjolfsson, Erik, and Andres McAfee. *Race against the Machine: How the Digital Revolution Is Accelerating Innovation, Driving Productivity, and Irreversibly Transforming Employment and the Economy.* Digital Frontier Press, 2011.

Brynjolfsson, Erik, and Andrew McAfee. *The Second Machine Age: Work, Progress, and Prosperity in a Time of Brilliant Technologies.* Norton, 2014.

Ceruzzi, Paul. E., GPS, The MIT Press, 2018.

Carr, Nicholas. *The Big Switch: Rewiring the World, from Edison to Google.* W. Norton, 2013.

Carr, Nicholas. *The Shallows: What the Internet Is Doing to Our Brains.* Norton, 2011.

Colbach, Gordon. Wireless Networking: *Wireless Networking: Introduction to Bluetooth and WiFi.* Independently published, 2017.

Coleman, Flynn. *A Human Algorithm: How Artificial Intelligence Is Redefining Who We Are.* Counterpoint. 2019.

Davenport, Thomas H., *The AI Advantage: How to Put the Artificial Intelligence Revolution to Work*, The MIT Press, 2018.

Dow, Colin. *Internet of Things Programming Projects: Build modern IoT solutions with the Raspberry Pi 3 and Python.* Packt Publishing, 2018.

Goodfellow, Ian, Bengio Yoshua and Courville, Aaron. *Deep Learning.* The MIT Press, 2016.

Greengard, Samuel. *Virtual Reality.* The MIT Press, 2019.

Hong, Sunghook. *Wireless: From Marconi's Black-Box to the Audion.* The MIT Press, 2010.

Johnson, Deborah G., and Jameson M. Wetmore. *Technology and Society: Building Our Sociotechnical Future.* The MIT Press, 2008.

Karvinen, Tero, Kimmo Karvinen, and Ville Valtokari. Make: *Sensors: A*

Handson Primer for Monitoring the Real World with Arduino and Raspberry Pi. Maker Media, 2014.

Kavis, Michael J. *Architecting the Cloud: Design Decisions for Cloud Computing Service Models.* Wiley. 2014.

Kelleher, John D. and Tierney, Brendan, *Data Science,* The MIT Press, 2018.

Kurzweil, Ray. *The Singularity Is Near.* Viking, 2005.

Lea, Perry. *Internet of Things for Architects: Architecting IoT solutions by implementing sensors, communication infrastructure, edge computing, analytics, and security.* Packt Publishing, January 22, 2018.

Liu, Shu. *Iotization: How to Transform Your Company and Win the Internet of Things.* Independently Published, 2019.

McEwen, Adrian, and Hakim Cassimally. *Designing the Internet of Things.* Wiley, 2013.

Newman, Mark. *Networks, an Introduction.* Oxford University Press, 2010.

Norman, Donald A. *The Design of Future Things.* Basic Books, 2007.

Pew Research Internet Project. "The Internet of Things Will Thrive by 2025." 2014. http://www.pewinternet.org/files/2014/05/PIP_Internet-ofthings_0514142.pdf

Reich, Pauline C., and Eduardo Gelbstein. *Law, Policy and Technology: Cyberterrorism, Information Warfare and Internet Immobilization.* IGI Global, 2012.

Rifkin, Jeremy. *The Zero Marginal Cost Society: The Internet of Things, the Collaborative Commons, and the Eclipse of Capitalism.* Macmillan, 2014.

Schwab, Klaus. *The Fourth Industrial Revolution,* Currency, 2017.

Turkle, Sherry. Alone Together: *Why We Expect More from Technology and Less from Each Other.* Basic Books, 2011.

索引